文通天下

突 破 认 知 的 边 界

遇事不决问哲学系列

世界哲学经典

THE
WISDOM
OF
LIFE

人生的智慧

［德］阿图尔·叔本华（Arthur Schopenhauer）◎著 扶 苏◎译

光明日报出版社

图书在版编目（CIP）数据

人生的智慧 /（德）阿图尔·叔本华
(Arthur Schopenhauer) 著；扶苏译. -- 北京：光明
日报出版社，2024.1
　　ISBN 978-7-5194-7709-7

Ⅰ.①人… Ⅱ.①阿…②扶… Ⅲ.①人生哲学－通俗读物 Ⅳ.① B821-49

中国国家版本馆 CIP 数据核字 (2023) 第 250274 号

人生的智慧
RENSHENG DE ZHIHUI

著　　者：[德] 阿图尔·叔本华（Arthur Schopenhauer）	
译　　者：扶苏	
责任编辑：徐蔚	责任校对：谢香
特约编辑：张芮宁	责任印制：曹净
封面设计：尚世视觉	

出版发行：光明日报出版社
地　　址：北京市西城区永安路 106 号，100050
电　　话：010-63169890（咨询），010-63131930（邮购）
传　　真：010-63131930
网　　址：http://book.gmw.cn
E - mail：gmrbcbs@gmw.cn
法律顾问：北京兰台律师事务所龚柳方律师
印　　刷：天津鑫旭阳印刷有限公司
装　　订：天津鑫旭阳印刷有限公司
本书如有破损、缺页、装订错误，请与本社联系调换，电话：010-63131930
开　　本：146mm×210mm　　　　　　　印　张：10
字　　数：215 千字
版　　次：2024 年 1 月第 1 版
印　　次：2024 年 1 月第 1 次印刷
书　　号：ISBN 978-7-5194-7709-7
定　　价：55.00 元

版权所有　翻印必究

译者序

《人生的智慧》是德国哲学家叔本华的晚年之作，面世170多年来，被译为多种文字，影响巨大。

叔本华开创了非理性主义哲学，也是唯意志论的创始人和主要代表之一。他公开反对理性主义哲学，认为生命意志是主宰世界运作的力量。

在这本书中，叔本华不再满口术语，而像是一个邻家大叔，将一些充满智慧的人生道理娓娓道来。

全书共分六章：第一章讲述了人所拥有的三个基本特征，即人的自身、人的财物、人的形象；第二章阐明了人的自身对人生幸福程度的贡献是最大的，"一个内心丰富的人，除了闲暇，对外界再没有什么别的需求，他的精神能力在闲暇中得到发展培养，从而可以充分享受其内在财富，如果外界允许的话，他甚至整个一生都愿意时刻独自一人"；第三章通过对人的财物的分析，告诉读者"关于财物,人人都有属于自己的视野,每个人渴求之物的范围由个人视野来界定,一个人的视野范围有多远,其索求之路就有多远";第四章阐明了人的形象是人类本性的特殊弱点,所谓人的形象,就是我们在别人眼中、心中的存在,它的价值被过于高估;第五章分析了"怎样和自己相处""怎样和他人相处""怎样对待命运和世道"三个问题;第六章讲述了人在各个年龄阶段的心态变化。

叔本华的人生哲学,适合处在每个年龄阶段的人阅读。他在本书中有很多警世格言:"幸福不在于追求快乐,而在于避免痛苦。""一个人的人格及其价值,是唯一直接影响他的幸福与财富的东西。而所有其他东西都是间接的,其效用也会被瓦解掉,但人格的作用永远不会这样。这也就可以说明,为什么由人格所招致的嫉妒最难平息——嫉妒是最被刻意隐藏的。""一个内在丰富、不需要从外部获取乐趣的人是最幸运的人,每个人都应该使自己的能力得到充分发挥,努力做到最好。幸福属于那些能够从自身获得乐趣的人。"这些格言能帮助人们探寻人生的本质,并且学会如何幸福愉快地度过一生。

译者翻译这部著作采用的是德语版本,Max Brahn 注释的 *Aphorismen zur Lebensweisheit*(Leipzig: Im-Insel Verlag, 1913)。对于叔本华在书中引用的希腊语、拉丁语、西班牙语等诗句、格言和谚语,还参阅了 Roehr 和 Janaway 的英译本(New York:

Cambridge University Press, 2014）。

鉴于学识有限,译者还参考了国内翻译大家韦启昌先生和李连江先生的译本。谨此郑重感谢这些前辈翻译家。此外,根据相关资料,对一些内容进行了简短的注释。

本书如有翻译不周之处,也请读者朋友指正。

扶苏

2022年5月6日

目 录 CONTENTS

导　言 / 001

第一章　人的基本特征 / 005

人拥有的三个基本特征 / 006

精神享受可以提高幸福程度 / 009

充分开发你的天赋人格 / 011

人的自身更为重要 / 015

第二章　论人的自身 / 019

一个人快乐的原因是他快乐 / 020

精神卓越是热忱的基石 / 026

闲暇是生命之花 / 032

人生之最美是什么 / 041

俗人天生的基本属性 / 047

第三章　论人的财物　/ 057

　　人的三大需求划分　/ 058

　　金钱对人的意义　/ 060

　　来自命运的眷顾　/ 063

　　对清贫的人有利的职业　/ 066

第 四 章　论人的形象　/ 069

　　不过分在意别人的评价　/ 070

　　骄傲的基石就是确信　/ 079

　　我们在世界上的形象　/ 083

　　名誉的众多分类　/ 085

　　骑士名誉是一种迷信　/ 098

　　名声和名誉是双胞胎兄弟　/ 130

第五章　忠告和箴言 / 155

幸福生活是什么 / 156

怎样和自己相处 / 172

怎样和他人相处 / 225

怎样对待命运和世道 / 262

第六章　论人生的各个阶段 / 279

前半生为什么更容易快乐 / 280

生命的意识如何影响后半生 / 291

人生各个阶段时间速度的差异 / 294

明白生死转换的魔法 / 300

导言

我在此所讨论的"人生的智慧",从其内在含义来看是一门与幸福生活相关的艺术。人们通过这门艺术可以学会如何幸福、愉快地生活。因此也可以把有关人生智慧的指南称为"幸福学"。幸福生活归根结底是这样的一种存在:从客观角度去看,也可以说(在此为主观判定)是经过缜密、冷静的思考后得出的一个判断,认为此类存在与不存在相比较的话,必然具备绝对优势。我们可以从幸福生活的含义中得出一个结论:我们对幸福生活的向往,是源于其自身,而不是出于对死亡的畏惧,而且我们都希望能够一直幸福地生活下去。诚如你我所知,我的哲学对人生与幸福生活的含义是否符合、是否具备符合的可能性做出了否定回答,但是幸福学却对此给予了肯定回答。也就是说,幸福学的根本存在谬论。在《作为意志和表象的世界》第2卷第49章中,我

对这一谬论做了批判。❶

尽管我认为形而上和道德的审视更为高端，但是不得不放弃这一观点，只有这样，才能去阐释幸福学。也就是说，我在此进行的所有阐述都有一个前提：以日常生活立场为基础，并包含与此相关的谬论，即在一定程度上做了妥协。我阐述的内容的价值有其局限性，因为幸福学一词本就不过是一种委婉称呼。并且因为以下两个原因，我无法进行全面详尽的论述：一是因为此话题无穷无尽；二是因为倘若要全面论述，我需要对其他人的言论进行重复。

据我所知，卡尔达诺❷的《论逆境》与我这本书在意趣上相似，值得一读，可作为本书的补充。亚里士多德也曾提到过幸福学，在其著作《修辞学》第1卷第5章借用简短插话对幸福学做了简单的论述。❸我并不想收集编纂前人此类论述。另外，幸福

---

❶ 认为对幸福生活的追求是我们生活的根本目的，这是唯一的天生的谬论。这个谬论与我们的存在是天然一体的，我们的根本性质是这一谬论的演绎，我们的身体不过是其符号，因此它与生俱来。尽管我们只是生存意志，我们却觉得所谓幸福就是我们的全部愿望一直被实现。倘若我们一直坚持这个谬论，再加上乐观主义教条，我们便会深陷其中。世界对我们而言，到处都是矛盾。我们踏出的每一步，不管是大步还是小步，必然都会让我们感受到，就人生与世界的安排而言，所谓幸福生活根本不可能存在。——叔本华注

❷ 卡尔达诺（Gerolamo Cardano，1501—1576），意大利数学家、物理学家、哲学家，古典概率论创始人。——译者注（本书为方便读者阅读，做了译注。后文不再一一注明此为译者注）

❸ 在《修辞学》一书中，亚里士多德对人之幸福的简单分类与其《尼各马可伦理学》中对人之幸福的详述分类完全一致。——叔本华注

人生的智慧

学著作的灵魂是观点的连贯性，而单纯罗列言论会使其失去灵魂。当然，过去也好，现在也罢，智者的观点大体一致，而愚者（大部分人）的行动也总是背离智者的言论，未来也将依然如此。诚如伏尔泰所说："我们来时，世界邪恶蒙昧；我们走后，世界如旧。"

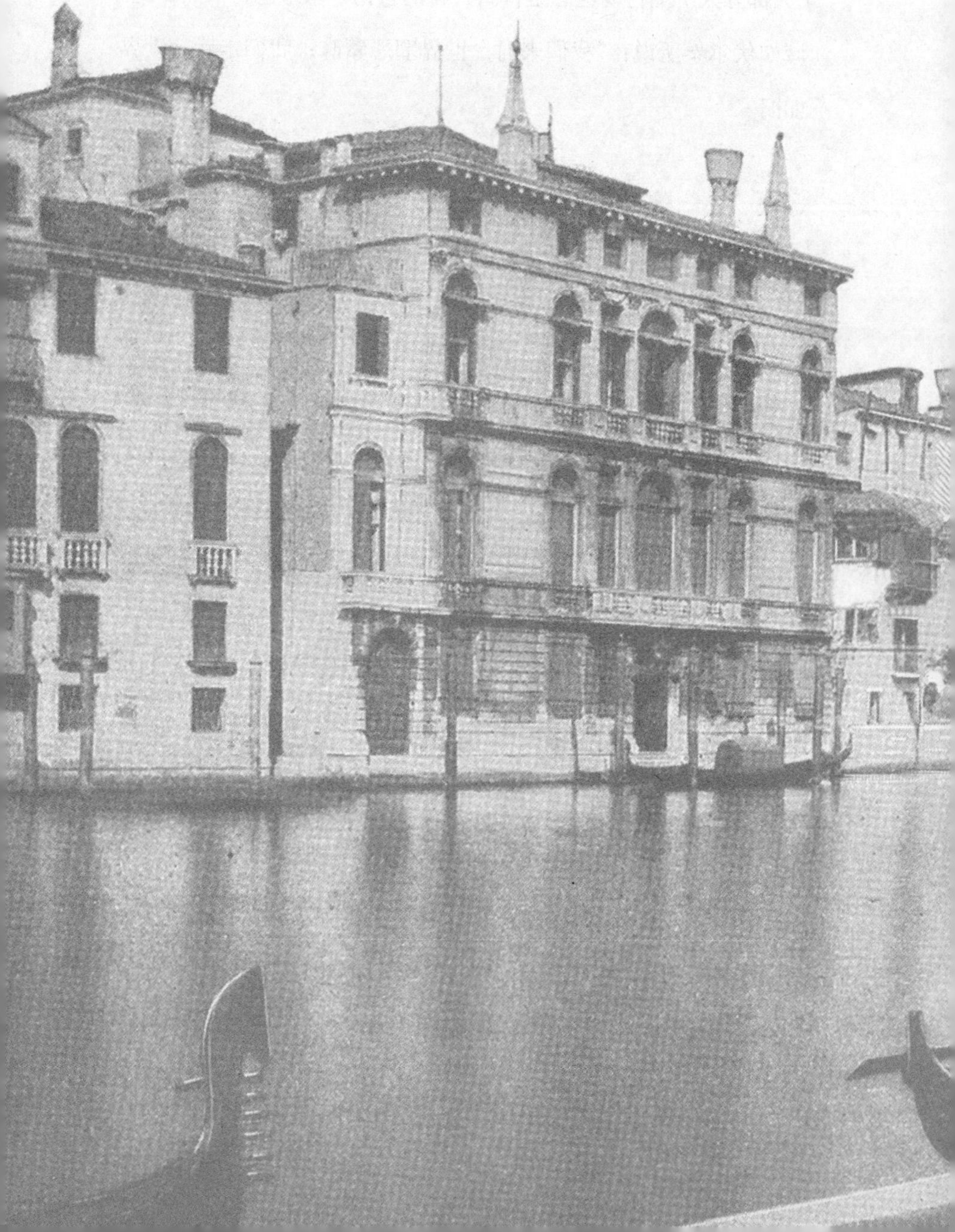

第一章

人的基本特征

人拥有的三个基本特征

在《尼各马可伦理学》第1卷第8章中，亚里士多德将人之幸福分为外在、心灵和身体三类。我与他一样，也将其分为三类。在我看来，每个人的命运各不相同，根本原因在于人所拥有的三个基本特征：

1. 人的自身：广义的人格，一般包括外貌、健康、体力、性格、品德、智力以及在这些方面的潜在发展。

2. 人的财物：泛指拥有的各种意义上的财产。

3. 人的形象：他人对一个人的看法，也就是一个人在他人心中的形象，包括名誉、地位和名声。

第一个基本特征上的不同是由大自然决定的，而另外两个基本特征上的不同源自人为规定。因此可以得出一个结论：人是否幸福，自然差别所带来的影响远大于人为规定差别，且前者的影响更为深远。

与纯粹的个人优势，比如崇高的精神与心灵相比，出身（包括王室贵族血统）、地位、名誉、财富等方面的优势不值一提。前者是真正的国王，而后者不过是在扮演国王。

正如伊壁鸠鲁❶的大弟子梅德鲁斯❷所言："幸福的根基扎根于我们自身体内，远胜于对外物的依赖。"从人的整个生存方式方面来看，人能否愉快地生活，起决定作用的因素要么源自其自身，要么由其自身所发。

也就是说，人自身直观所感受到的愉悦与不适，先是由其感觉、思想、愿望决定的，自身之外的一切对它只有间接影响。

相同的情景与外在条件，对不同人造成的影响也完全不同。哪怕外部环境完全一样，每个人生活的世界也不尽相同。与每个人直接相关的仅仅是自己的观念、意志与感觉。外在因素通过触发人的观念、意志与感觉对每个人产生影响。

一个人到底在怎样的世界中生活，取决于他如何理解世界。头脑的差异决定了世界的不同面貌——也许多彩、丰富、充实，也许单调、贫乏、空洞。

简单举例，有人觉得别人总能遇到种种趣事，生活丰富多

---

❶ 伊壁鸠鲁（Epicurus，前341—前270），古希腊哲学家。

❷ 梅德鲁斯（Metrodorus，前331—前278），古希腊哲学家，属于伊壁鸠鲁学派。

第 一 章 · 人的基本特征

彩，对此很是羡慕，事实上，他应该羡慕的是别人超群的智慧，能够为遇到的事件赋予意义。

同样的事，聪明的人看来妙趣横生，平庸的人却觉得平平无奇，仅仅是平凡世界的普通一幕。拜伦与歌德的一些取材于真实事件的诗便是最好的证明。

然而，有些愚蠢的读者心生嫉妒，认为诗人若没有奇遇便不会写下这样的诗篇，却从没想到过诗人凭借丰富的想象力，足以将再普通不过的小事描绘成波澜壮阔的大事件。

乐观的人所看到的一场有趣的冲突，在忧郁的人眼中不过是一场悲剧，而冷漠的人只会觉得是一件琐事。

之所以会如此，是因为同一个事实，也就是一切现实均由主体和客体两部分构成，主体与客体两者紧密联系，如同共同构成水的氢与氧一样。即使客体部分相同，不同的主体感知到的现实也是完全不同的。反之也是如此。

卑劣愚昧的主体，至美至善的客体，也只能生成丑恶的现实，就好比天气恶劣时观赏怡人的景色，又好比用粗制滥造的相机拍摄优美的风景。

简单来说，每个人都藏于其意识之中，匿于肌肤之下，在自身之内直接生活，外界想帮助他们自然也会很困难。有人在戏台上扮演王子，也有人扮演大臣，还有人扮演侍从、将军或者士兵等角色。这些角色的区别只不过是表露在外的差别，追溯其本质，实际上人人都是可怜的戏子，面对困窘，怀揣烦恼。

精神享受可以提高幸福程度

人生便是这样。所有人都在饰演不同的角色，他们所属的阶级不同，所拥有的财富有别，然而他们的愉悦幸福并不会因其饰演的角色不同而产生相对应的本质差别。

正相反，我们每个人身上都暗藏着同样的愚蠢与可怜，都身处困窘，也都心怀烦恼。当然烦恼与困窘在不同人身上的体现也有所不同，但从其本质形式来说基本是相似的。

尽管烦恼与困窘的程度在不同的人身上有所差别，但财富与阶级，也可以说是角色，与这种程度上的差异毫不相关。

对一个人来说，所有的存在与发生都由其意识产生，并且只存在于其意识之中。所以更为关键的是意识的品貌，而不是意识所展现的事物形态。塞万提斯在狱中写下了《堂吉诃德》，其创作环境无疑极为恶劣，但在塞万提斯当时意识的映衬下，愈发显得普通人耽于享乐的意识分外可怜。

现实与现在分为主观与客观两部分，前者由我们自己掌握，本质不变；后者掌握在命运手中，不断变化。纵然外在因素一直变化，可人的性格本质却是固定不变的，因此人的一生就好比在同一主题下的一系列变奏。

所有人都挣脱不了自身的个性。自然早已清晰界定了动物的本性。不管被人安置在怎样的环境中，动物都会一直生存在自然界定的窄小的领域中。

所以，我们只有充分考虑宠物的意识与本性的界限，并尽可能地将我们的努力限定在窄小的范围之内，才能够使它们快乐。这同样也适用于人类，一个人的个性早就注定了他能获得多少幸福。

尤其需要指出的是，一个人是否具有获得高级幸福生活的能力，是由其精神决定的。一个人如果精神薄弱的话，外界的力量，不管是命运的眷顾，抑或他人的助力，都不可能令他突破自身局限，他在人生中所能获得的幸福愉悦只能是平淡乏味的。闲适的家庭生活、低俗的社交、浅薄的娱乐、感官上的享受，这些是他一直仰仗的。

人的精神可以通过教育提升，但这种提升所起到的效果是有限的。精神享受是最长久、最高级、最丰富的享受。年轻时，我们通常被蒙蔽，对此毫无意识。精神的强弱决定了获得精神享受的多寡。

因此，人能获得何等程度的幸福是由人的自身来决定的，也是由人的个性所决定的。但人们大多数时候所思考的只是人的命运，只是人的财物。内心充沛的人对命运没有太多要求，哪怕命运可以变得更好。不过，朽木永远是朽木；傻瓜就算上了天堂，他也永远是傻瓜。

正如歌德诗中所言：

> 不管什么样的时代，
> 无论平民、奴隶还是霸主，
> 人人承认，唯有人格，
> 乃地球之子的最大幸福。
>
> ——《西东诗集》

充分开发你的天赋人格

主体在我们获得幸福愉悦上所起的作用远胜于客体。此类证据，不胜枚举。比如最基本的证据，饥饿成就了顶尖的厨子，少年心仪的女神在老者心底却激不起一丝涟漪；还有最高级的例证，天赋异禀者与圣人的生活。

比所有外在的幸福更重要的是健康。一个生病的国王还不如一个健康的乞丐过得幸福。

任何阶级与财富都无法取代以下优点：第一，健康的身体，身体器官健康稳定，从而性格安定平和；第二，清晰的理智，敏锐的直觉；第三，自制又有道德。

每个人的自身与其相伴而生，既不能从其他人身上获得，也不能被他人所攫取。显而易见，人的自身远比人的财物要重要得多，也比别人以为的他的形象更重要。

纵然与世隔绝，有识之士凭借自己的想象与意识也能身心愉悦；尽管马不停蹄地游戏、玩乐、社交，那些愚昧蠢钝的人还是无法挣脱痛苦的无聊。生性善良、温和、自制的人，哪怕身处困境也能自得其乐；生性贪婪、阴险、善妒的人，即使再富有，也还会喋喋不休地抱怨。那些出类拔萃的人，内心与众不同，他们享受自己的个性，认为普通人追寻的享受多是负担，有时还会是麻烦。

贺拉斯[1]曾这样形容自己：

> 象牙、大理石、绘画、银盆、雕像、紫衣，
> 这些东西对于很多人来说必不可少，
> 但对有的人来说却不值一提。

---

[1] 贺拉斯（Quintus Horatius Flaccus，前65—前8），古罗马诗人。

"吾不需之物，何其多也。"苏格拉底看到满市场种类繁多的奢侈品后说。

所以，对幸福人生来说，人的自身，也就是我们的人格至关重要。人格所起的作用，时刻可见，处处可见。除此以外，人格与其他两类的幸福还不一样，没有人能从我们身上夺走它，命运也掌控不了它。

因此，它具有绝对价值，而其他两类不过具有相对价值。外界带来的影响，远比众人所设想的要小得多。只有万能的时间才会对第一类幸福产生真正的影响，健康的身体与卓越的精神终究会臣服于时间，只有道德不会被时间侵蚀。

这样看的话，后两类幸福要优于第一类幸福，因为它们不会随着时间的改变而被削弱。客观存在是后两类幸福的另一个优点。每个人都对它们充满企盼，都有可能拥有它们，这是由它们的本质所决定的。

主体与客体不同，它生而不变，由神明决定，我们不可企及。正如下述冰冷的句子所言：

> 将世界借予你的当天，
> 太阳与行星渐渐相会；
> 你按照让你出生的法则成长，
> 对规律始终遵循服从。

> 先知与预言家早就有言，
> 你绝不能迷失自我；
> 鲜活开展深刻的生命形式，
> 任凭时间如何费力也打不散。
>
> ——歌德

我们唯一所能做到的就是，将我们的天赋人格尽可能地充分利用起来。因此，我们要追求的事业必须与它相符，对其适度开发锻炼，扬长避短，选择的职业、岗位以及生活方式要与其相匹配。

有的人非常强壮，有力气，但因为某些条件所迫，他不得不做个手艺人，终日坐着做些琐碎的活计，他的好体力根本就派不上用场；他也可能必须读书学习，不得不做个脑力劳动者，而脑力劳动这一工作需要的能力是其根本不具备的特长。一个人若是遇到这两种情形，穷其一生都不会感到幸福。

有的人富有智慧，从事的工作却从不需要使用大脑，能力既得不到发展，也无从施展，然而更不幸的是，还可能不得不去干些根本干不了的体力活。但是，在此要当心一点，那就是万万不可骄傲自大，明明很普通，却自命不凡，年轻人要格外注意。

人的自身更为重要

与其他两类幸福相比,第一类幸福更为重要,这点毋庸置疑,因此我们可以得出如下结论:保持健康、培养能力远胜于追求财富。但不要误解我的意思,那些适度的、必备的财富还是要去为之努力的。但过多的财富并不能提升人们的幸福感。

所以,很多富人并不会觉得幸福,他们没有知识,缺乏精神锻炼,缺少客观兴趣。在真正的快乐上,财富起不到什么作用。财富能满足的只是我们自然的、现实的需求。

况且要长时间持有巨额财富,必然会耗费心神,愉快的心情自然也会被破坏。从对人的幸福所起的作用的角度来看,人的自身胜于人的财物。但与培养精神相比,在追求财富上,人们花费了更多的工夫,也付出了更多的努力。

有的人为了得到更多的财富,就如蚂蚁那般从早到晚忙个不停。他目光短浅,心中除了赚钱再没有别的,他对赚钱以外的事无动于衷,精神空虚。因此他得不到最高级的精神享受。他自我放纵,花大量金钱去换取短暂、易得的肉体享受,妄图作为精神享受的替代,这必然是白费力气。

倘若运气好的话,在人生即将终结的时刻,他要把所拥有的数不清的财富交给后代，任由后代将其挥霍掉或者保持增长。这样的人生，与那些所谓名门显贵的生活方式一模一样，看似认真严谨，实际上却再愚蠢不过。

自身所拥有的对幸福生活来说非常重要。正因为自身所拥有的往往是稀缺品，所以战胜困窘的人与仍与困窘搏斗的人没有什么区别，大部分人还是会觉得不幸福。

贫瘠的精神、空洞的内心，这些共同点使他与同类聚在一起寻欢作乐、放浪形骸，最后的结果是走向堕落。

在一众名门世家子弟中有大把大把的败家子，任人如何想法子解救，还是会很快将家中的财产败得干干净净，速度快得令人咋舌。造成这一切的根源正是其贫瘠的精神、空洞的内心。

这些来到人间的少年，看似富有却内心贫穷，他们渴求所有的身外之物，想要凭借外部条件的富有来代替内心的富有，这必定是徒劳的，就好比满头白发的老者妄图证明自己强壮。说到底，导致外在贫困的根本原因是内心的贫瘠。

我在此不再强调另外两类幸福对人生有多重要。人人都知道财富的价值，不必我再反复介绍。

相较于第二类幸福，第三类幸福则由他人看法决定，因而显得很虚无。可哪怕是这样，每个人都在追求名誉。在政府工作的人追求级别，只有很少的一部分人才会得到赫赫声名。

世人把名声看得至关重要，认为是无价之宝，可以媲美金毛飞羊❶的皮毛。但是与财富相比,只有傻瓜才会更看重名声。

此外,后两类幸福是相辅相成的关系:正如彼得纽斯❷说的那样——有钱便有名,同时从别人那里获得的好口碑有助于增加财富。

---

❶ 神话动物,皮毛代表王位与权力。

❷ 彼得纽斯(Gaius Petronius Arbiter,约27—66),古罗马讽刺作家。

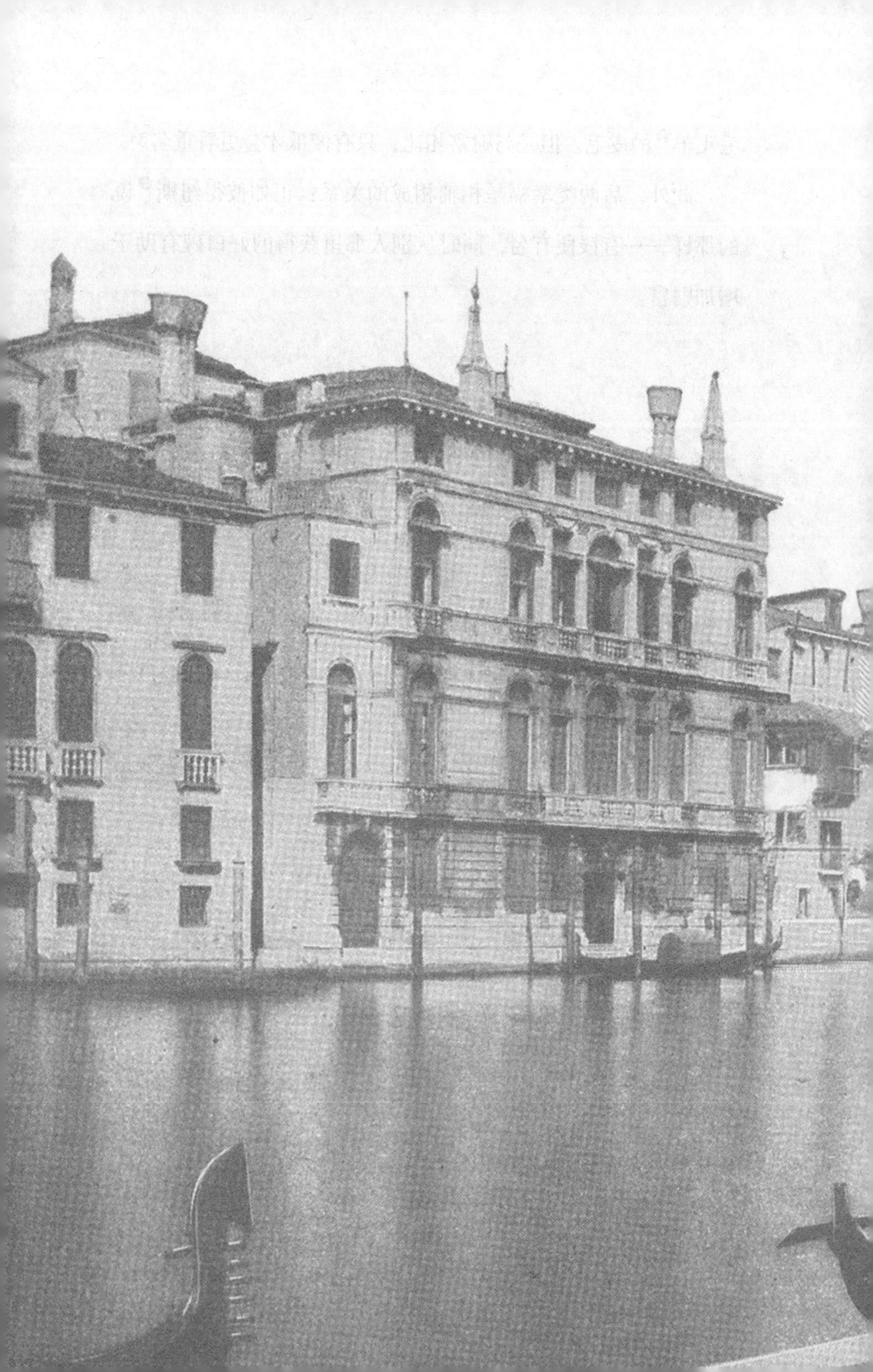

第二章

论人的自身

一个人快乐的原因是他快乐

我们已大体认识到,在对幸福的贡献上,人的自身的作用最大,远远超过人的财物与人的形象。决定一个人是否幸福的是他自身之内有什么,也就是他是什么,因为时时刻刻伴随一个人的是他的个性,他的所有体验均由个性引发。

不管在什么时间、什么地点,不管遇到什么事情、什么情况,他先享受的是自身,无论身体享受还是精神享受,都是如此。享受自己的英文为"to enjoy one's self",这个说法恰到好处。

举个例子,他在巴黎享受自己,我们用英文来说就是"He enjoys himself at Paris",我们从不说"他享受巴黎"。倘若个性上有瑕疵,那享受就打了折扣,就如同用刚尝过胆汁的舌头去品尝美酒佳酿。

除了遭遇重大不幸,决定一个人处境好坏的是他对生活中发生的一切如何感受,即他对生活各方面的感受方式和敏感程度,而他的生活中发生了什么并不能起决定性作用。

直接影响一个人幸福愉悦的是这个人是什么,自身又有什么,即其人格以及价值。除此以外的影响都是间接的,能够被阻止的,但任谁也无法阻止人格的影响。也是这个缘故,最难化解的就是对人格优越的嫉妒,而这种嫉妒也被大家极力地小心掩饰。

除此以外,长久不变的只有意识的品性,个性所带来的影响延绵不断,这种影响无时无刻不在发生。而其他事物带来的影响只作用于当下,有时候有影响,有时候又没有影响,而且这种影响非常短暂。

长久不变的只有个性,其他事物都一直在变动发展。就如同亚里士多德说过的那般:"千金易散,本性难移。"(《优台谟伦理学》第7卷第2章)当不幸来自外界时,我们尚能从容面对;可当不幸源于自身时,人们很难平静对待。

因为命运善变,而我们自身的品性却是永恒的。"健康的身体,包裹着健康的心灵。"(尤文纳[1],《讽刺诗集》第10篇)身体健康、精神强大、品格高尚、心态愉悦、秉性快乐等主体对我们的幸福来说是最为重要的,当然要排在首位。所以,与其沽名钓誉,一味追求外在,还不如好好维护与改进主体。

最能直接令我们感受到幸福的主体无疑是心情愉悦。其

---

[1] 尤文纳(Juvenal),古罗马诗人,在1世纪末到2世纪初比较活跃。

实，这一主体给予自己的是一种立等可见的奖励。

一个人快乐的原因是他快乐。心情愉悦这个特质完全可以取代其他一切的特质，这是其他任何事物都无法办到的。如果想要知道一个英俊、富有，又受人尊敬的年轻人幸福与否的话，那么应该问问他会不会因为拥有这些而感到愉悦。

但是，倘若他是愉悦的，那么不管他贫穷还是富有，年轻还是年老，也不管他高大挺拔还是驼背佝偻，他始终都是幸福的。

年少时，我曾在一本旧书上看到这样一句话："爱笑的人幸福，常哭的人不幸。"这句话再普通不过，时常被人提起，实际是个很容易理解的真理，因此我一直牢记在心里。

只要愉悦到来，不管何时，我们都应敞开门户，因为它从不会在不合适的时候到来。但我们若是犹豫不决，没有立刻打开心门让它进来，这也许是因为我们想要认清是不是在各个方面都有让我们感到满足的理由，也许是因为怕愉悦会妨碍我们认真思考，影响我们做重要的事情。不管是做事还是思考，对我们来说到底能有什么益处，这其实很难说清楚。

可愉悦不一样，它带来的收获是直接的。如果说愉悦是幸福的金币，那么其他的不过是幸福的纸币。

对人们来说，愉悦是至善至美的特质，它令我们感受到的幸福是直接作用在当下的，因为现实对人来说就是此时此刻，处于无穷无尽的过去和将来之间，是无法割裂的。我们首先要做的是通过努力去获得并提升愉悦，关于其他方面的努力可以在后面排着。

对愉悦贡献最微小的无疑是财富，贡献最大的自然是健康。我们把视线聚焦在底层劳动阶级身上，尤其是农夫身上，我们看到的面孔多是愉悦满足的；满面愁容的却多出身高贵。唯有盛开的健康之花，才能收获愉悦的果实，因此全方位地保持健康是我们首先要做的。

我们都知道，想要保持健康，就要与放纵奢靡绝缘，控制会产生强烈不适的情绪波动，同时还不能让精神过度操劳，每天在户外做两小时快速运动，常洗冷水澡，饮食有节制。如果不能每天适度运动，那么健康就很难保证。

生命的发展过程需要运动，参与生命发展过程的相关部位需要运动，全身也需要运动。亚里士多德说过："生命在于运动。"运动是生命的本质，生命就是运动。

不停的快速的运动发生在人体内部：心脏在不停地跳动，充满力量又不知疲倦，每一次跳动都带来收缩与舒张，而人体的血液会在每二十八次心跳后流过全身所有大大小小的血管；肺在不断地吐纳，像是一台蒸汽机；肠子一直在蠕动；各类腺体的吸收、分泌也是运动；大脑也跟随呼吸与脉动不停张弛。

但很多人终日坐着，缺乏户外运动，最终导致身体外部的安静与内部运动产生了严重的不平衡。内部运动离不开外部运动的支持，内部与外部不平衡，就好像明明我们内心情绪激动，却不能显露丝毫。哪怕是树木在生长过程中也必须借助风的运动。

有一句拉丁语最能简单明了地解释该问题："速度越快，越是运动。"

我们是否幸福取决于心情是否愉悦。而心情的愉悦取决于身体的健康，我们可以通过对比同一件事或同一环境给我们留下的印象来明白个中道理，我们健康与生病时所得到的印象是不同的。

我们有时会感到幸福，有时不会，令我们有这种感觉的是我们到底如何看待这个事物，即它在我们心中是什么，而并不是这个事物客观实际为何。

爱比克泰德[1]曾说过："令人动心的是众人如何看待事物，而并非事物自身。"总之，健康占了我们幸福的十分之九，享受的源泉是健康。

倘若没有健康，任何外在的幸福都无法享受；如果身染疾病，不管是精神还是性情抑或是秉性上的特质都会跟着黯淡。

相互问候总是从身体开始，祝福时也是先祝身体健康，这

---

[1] 爱比克泰德（Epictetus，约50—约138），古罗马哲学家。

样做自然是有道理的，因为对人生的幸福来说，最重要的事情就是健康，没有什么能与之相提并论。

也可以这样说：为了飞黄腾达、纵情声色、谋求财富、追名逐利这样的事而牺牲健康，绝对是人生中头号愚蠢的行为。我们应该把其他一切都排在健康之后，健康居首。

愉悦对幸福来说非常重要，而健康在愉悦上所起的作用极为重要，但愉悦并不是全部由健康来决定。有的人尽管身体很健康，感情却很脆弱，终日闷闷不乐。

之所以会这样，根本原因是其品性本来如此，不可改变。而当感知能力、新陈代谢能力与敏感程度大体成正比时，尤其如此。极度敏感，须臾间大喜大悲，容易造成情绪崩溃。

天才之所以是天才，是因为其具有超凡的精神，因此比常人都要敏感。正如亚里士多德所说，出类拔萃的人，几乎都是多愁善感的："那些在诗歌、哲学、教育、政治上取得傲人成就的人皆多愁善感。"（《问题集》第30卷第1节）。

西塞罗也曾说过："亚里士多德觉得每个天才都是多愁善感的。"（《图斯库路姆论辩集》第1卷第33节）亚里士多德这一言论经常被人引用提及。每个人的基本秉性都是截然不同的，莎士比亚对这种不同有极为精彩的描述：

老天造就了奇特的人：

> 有的人总眯着眼睛，大声笑着，
>
> 好像看到风笛手的鹦鹉一样；
>
> 有的人终日阴沉着脸，
>
> 即使涅斯托发誓说那笑话真的很好笑，
>
> 他听了也不会露出一个笑容来。
>
> ——《威尼斯商人》第一幕第一场

精神卓越是热忱的基石

柏拉图用dyskolos（悲苦）与eukolos（喜乐）[1]这两个词来区别人类的基本秉性。

每个人对愉快与不愉快印象的感受能力也正是因为这个区别而有所不同，很可能会完全不一样。面对同一个景象，因为感受能力不一样，有的人会悲痛难当，有的人则会心花怒放。通常对愉快印象的感受能力越弱的话，那么对不愉快印象的感受能力就越强，反之也是如此。

同一件事的结局可能喜庆也可能悲惨，各有一半的可能

---

[1] 在叔本华看来，这两个希腊词语无法翻译成合适的德语，因此用的是希腊原文。

性。悲观者从不会因为结局欢喜而欢喜，他们只会为悲惨的结局而哀伤愤懑。而面对悲惨的结局，乐观者却不会哀伤愤懑；面对喜庆的结局，他们会感到欢欣愉悦。

有十个计划，其中九个实现了，悲观者只会为没实现的那一个而懊恼，并没有因为实现了九个而感到高兴。

有十个计划，九个都失败了，只有一个计划成功了，乐观者还是会为此感到高兴。想要找到没有任何弥补的苦难可并不容易，在这里也是一样的。

总之，生性焦虑阴郁的人，即悲观者，虽然会经历不少由其自身臆想出的种种痛苦与不幸，但也正是因为这样，他们在现实中所遇到的种种不幸与痛苦比乐观者少。

那些眼里只能看到黑暗的人，每时每刻都做了最坏的打算，因而早有准备、防患未然，因而不会像那些眼里总是能看到光明的人那样失算。

但是，消化器官或者神经系统有严重疾病的话，悲观遭遇重病，痛苦便会升级，在一天又一天的痛苦中对生命产生厌倦，容易产生自杀的念头。在这种时刻，一丁点的不快都有诱发轻生的可能。

如果痛苦到了极致的话，事实上连这一点微不足道的刺激也不需要有，经久的痛苦本就会促使人下定自杀的决心，他们在自杀时冷静又坚决。就算备受照管，他也一直准备着、等待

第二章·论人的自身

着,只要一有机会,他就会毫不犹豫地终结自己的生命。

此时,病人觉得自杀是一种解脱,他对此非常认可。埃斯基罗尔[1]对存在这种情形的精神病人有过详尽的介绍。倘若遭遇到了避无可避的不幸或者强烈的痛苦,这些不幸与痛苦甚至比死亡还令人畏惧,哪怕是再健康、再乐观的人都有可能产生自杀的念头。

所需的引发因素是两者唯一的区别,悲伤和引发因素的大小成反比。越是悲伤,需要的引发因素越小,递减到零为止。

越是愉快,越是需要高质量的健康来支撑,越是需要有更多的引发因素。自杀也因此被分为两极:一极是天生悲观的人,又遭受了严重疾病;一极是乐观健康的人,他们的自杀则完全是因为客观因素导致的。这两极之间有数不清的事物形态,形成了各种不一样的梯度。

美丽的外貌是主体的优点,和健康在某种程度上是有关系的。尽管在关于人们幸福的方面,这个优点并不能起到什么直接有效的作用,它的功效是间接产生的,我们在其他人眼中的印象也会受其影响。

虽然这个优点只有间接的贡献,但还是很重要,对男性来说也是这样。美貌好比是一封展开的引荐书,他人的心会因为

---

[1] 埃斯基罗尔(Jean-Étienne Dominique Esquirol,1772—1840),法国精神病学家。

一个照面就被俘虏。荷马在诗中描述得非常形象：

> 莫要拿黄金美神赠予我的礼物责备我。
> 对神明的馈赠切莫蔑视，
> 那是他们亲手所赠，
> 有人想要也未必能得到。
>
> ——《伊利亚特》第3卷第65节

我们略做审视，便会知道痛苦与无聊是人生幸福的两大敌人。我们如果离一个敌人远，也就意味着离另一个敌人近，反过来也是同样的道理。

其实人生就好比一个钟摆，在无聊与痛苦之间来回摆动，只不过有时候摆动的幅度大，有时候摆动的幅度小。因为无聊与痛苦是对立的，而且这种对立是双重的，一种是客观的或外在的对立，一种则是主观的或内在的对立。

从外在的角度来看，贫穷困窘造成了痛苦，富有安定滋生了无聊。于是底层百姓一直在与他们的痛苦——困窘做斗争，而权贵富豪也一直在同无聊做无谓的抵抗。

至于无聊与痛苦在主观的或内在的对立中有一个基础，那就是人们对无聊与痛苦的感受力是成反比的，两者都取决于精神。

换言之，精神愚钝，必然缺乏敏锐的感知能力，感觉比较迟钝，在遇到不同种类、不同程度的痛苦时，他对上述情况的感受比较轻，而且精神愚钝的话，内心必然空虚。这种空虚直接表露在外，表现为对外界发生的所有事情，无论有多琐碎都会持续关注。

无聊源于内心空虚，内心空虚的人渴求来自外界的刺激，想要借此活跃精神与情绪。

所以，他们从不抗拒来自外界的刺激，他们对消遣的追逐可怜又可悲。聆听他们的谈话，观察他们的社交，审视藏在窗帘之后窥探的人，留意那些闲站在门口的人，我们便会懂得。

因为内心空虚，人们渴求社交、贪恋奢华、沉迷娱乐，并且为此肆意挥霍，从而陷入困窘之中。内在的富足，也就是精神丰富，是防止坠入这种困窘的最可靠的方法之一。

精神越卓越、丰富，无聊就越没有立足之地。那些精神卓越、思想活跃的人，充满活力与好奇地对内心以及五光十色的外界进行探索，仿佛永远不知何谓疲倦一般，时时刻刻都会发现新的游戏，因此他们根本就不会感到无聊，只是偶尔会觉得有些许疲惫而已。

精神卓越也是热忱的基石，因为卓越的精神会造成高度敏感，同时也会让意志更强。情感会因为这些要素结合在一起而加倍强烈，令人对痛苦的感受格外强烈，不管这种痛苦是来自精神上的还是肉体上的，更有甚者对挫折，哪怕是打扰都格外无法忍受。

想象力丰富与否决定了形象是不是生动，而整个形象会因上述所提及的要素而变得鲜明生动，而那些让人厌恶的形象尤其生动。在最了不起的天才与最愚蠢的笨蛋之间有一片广阔的区域，充满着各不相同的阶段进程，上述提及的情况同样也适用于这些不同的阶段进程，但在适用程度上有所差别。

于是，越想与造成人生痛苦的一个根源保持距离，却与另一个导致人生痛苦的根源靠得越近，无论主观还是客观皆如此，我们每个人都是这样，没有人能例外。因此，人们对那些相对容易感受到的、导致痛苦的根源，会分外小心提防。

精神丰富的人，对生活的追求是尽可能地与世无争、简朴安宁，他们首要的追求是没有痛苦，不被打扰，平静闲适，因此他们与人稍有往来就会远离社交，那些心灵伟大的人甚至会选择独处。

究其根源是因为一个人自身拥有越多，对外界的要求越少，其他人想要取而代之自然也就越难。因此精神卓越会造成性情孤僻、不合群。如果社交群体的数量可以代替质量的话，那普罗大众在生活中所付出的辛劳也会有价值。可惜一百个傻瓜加起来也比不上一个聪明人。但处于痛苦的另一个极端的人不是这样的，但凡有一丝机会逃离困窘，他们便会马上开始交际，不顾一切地去娱乐消遣，心甘情愿地忍耐一切，他们自我逃避，甚至会逃避一切。因为在孤独中，每个人都是自己一个人，这时候自身所拥有的就表现出了重要性。

面对卑微的个性逃避不了的重压，傻瓜只会哀叹不已。与之相反的是，有才智的聪明人哪怕身处最荒凉之地也一直有思想，并且一直为思想所激励。

"愚蠢的言行，令人自我厌弃。"（《书信集》第9回）塞涅卡所言再正确不过了。《传道书》也说："愚蠢的人生不如死。"

总的来说，一个人在精神上的贫困以及庸俗的程度与其合群的程度基本上是一致的。人的一生，要么庸俗，要么孤独，除此以外，并没有别的选择。

闲暇是生命之花

生活不是除了工作就是操劳，大脑只有在闲暇时才像是个退休养老的人，仿佛寄生在身体上不劳而获。我们想要毫无牵挂地享受自我个性与意识，也只有在闲暇的时候才可以。

闲暇在此是好不容易才收获的回馈和果实。但闲暇带给大部分人的是什么呢？他们如果不用荒唐放纵或者声色犬马来打发闲暇的话，那他们闲暇的时候只会感受到笨拙与无聊。

看众人打发闲暇的方式就会知道闲暇对他们来说毫无价值，这便是阿里奥斯托所说的"愚者的闲暇无聊"。平庸的人只想着如何打发时间，而聪明的人想的是怎样把时间利用起来。

蠢人只能任由无聊摆布，因为对他们来说，理智仅是一种媒介，供意志传递激励使用，但不管是他们的意志还是他们的理智，仅凭其自身的力量根本活跃不起来。

因此，如果没有激励的话，意志就停工，理智就休息，其他各种力量也会纷纷跟着停滞不前，于是就坠入无聊的深渊。

人们把唾手可得、稍纵即逝、琐细微小的激励送给意志，妄图使其活跃兴奋起来，从而使理解这些激励的理智也随之变得活跃。如果真实自然的激励是银币的话，那么这些激励不过就是纸钞，人们可以随心所欲地决定它们的效用。"游戏"就是这些激励，纸牌等不过是"游戏"所使用的道具，是用来打发无聊而产生的。倘若没有纸牌这类道具，那些愚蠢的人只会随手拿东西东敲西打而已。雪茄对他们来说可以代替思考，因此颇受欢迎。

所以，社交群体的一个主要活动就是打牌，整个世界都是这样的。打牌宣告思想破产，是社交群体是否具有价值的标尺。人们彼此没有思想可以交流，只能拿纸牌进行交换，其目的是占有对手的金币。

呜呼,人类何其可悲!有人会为打牌鸣不平,认为打牌也是一种练习,是为经商以及与人交往做准备,认为我们在打牌时可以学会如何从中获利。也就是说,我们向往的东西是借助手中的牌,在偶然发生的并且无法逆转的情景下求得的。我们为了达成心愿会保持冷静,并且会形成习惯,即使出错了牌也会面不改色。但也正是因此,它有损品德。将别人的东西通过各种手段占为己有是这种游戏的本质。

在游戏中形成了习惯,然后逐渐把这种习惯带到现实生活中,在法律许可的范围内,众人会根据打牌时形成的习惯去解决属于我还是属于你的问题,众人眼里天经地义的优势其实不过是偶然拥有的而已。这可以从百姓的日常生活中得到印证。

之前说过,闲暇是生命之花,也可以说是从生活中收获的果实,人们也只有在闲暇之时才会是真实的自己。一个人如果在闲暇的时候还能拥有真正属于自身之物的话,那么他该对此感到幸福。

但对大部分人来说,闲暇只会使他们成为没有丝毫情致的家伙,无趣极了。闲暇不但没有任何帮助,反倒变成自身的负担。我们应因此而感到慰藉:"兄弟们,由此可见,我们并非使女的儿女,而是自立妇人的儿女了。"(《加拉太书》第4章第31节)就如同最幸运的国家无须进口,或者只进口少量物品一样，那些最幸福的人无须依靠外界，或者从外界获得很少，他们内心非常丰富，完全能愉悦自我。

进口的物品不但价格贵，还有风险，容易让人上瘾，带来挫折，因为它其实是本土物品的粗制滥造的替代品。对外界和他人，不要抱有太多的期待。

因为每个人都是孤独的，我们在他人的给予中所获得的非常有限，个中关键是谁才是那个孤独的人。

歌德曾指出，人间万象，最终每个人都会回归自我。诚如哥尔德斯密斯❶所言：

> 无论自身处在何地，
>
> 创造快乐和获得幸福，
>
> 只能靠自己。
>
> ——《旅行者》第431—432节

我们由此便会知道最大与最好势必存于人的自身、人的作为。一个人自身越美好，其作为越伟大，也越发能够在自身寻觅到快乐之源，自然也就越幸福。

"幸福归自足自乐的人所有。"(《优台谟伦理学》第7卷第

---

❶ 哥尔德斯密斯（Oliver Goldsmith，1730—1774），英国小说家、诗人、剧作家。

2章）这句很有道理的名言是亚里士多德说的。如果从外部探寻幸福愉悦的来源，就会发现很难寻觅，其本质非常不可靠，不管条件有多么适宜，也还是很容易就会断流，乃至干涸，要么意外丛生，要么转瞬即逝。

幸福的外在来源在老年时更是会消失殆尽，这是必然的。人到了老年开始远离情爱、消遣、娱乐，无心赛马和社交，甚至死神已带走了亲朋好友。

自身拥有的是决定人生幸福的关键，人老了以后更是这个样子，只有自身所有的才能最长时间地保留。人生幸福的真正本源是自身所有之物，不管处于哪个年龄阶段，都是如此，而且这个本源也是唯一能够保持长久的。

通常能从尘世中获得的东西并不多，整个世界都充斥着痛苦与困窘，就算能从中逃脱，又会被潜伏在角落中等待机会的无聊所侵袭。世界上愚昧横行，邪恶当道，命运无情又残酷，人类则可怜又可悲。

在这样的一个世界中，如果有谁自身丰富多彩，那么这个人就好比是一幢圣诞小屋，在寒冷的十二月雪夜中，它是那么温暖、明亮而又生趣盎然。因此，地球上最好的运气莫过于拥有丰富、卓越的个性，尤其是拥有活跃且深邃的精神，哪怕最终它的命运并不璀璨夺目。

瑞典女王克里斯蒂娜在十九岁时，仅仅是因为读过笛卡儿所著的一篇散文，便对其赞不绝口。她对笛卡儿的评价非常睿智："世界上最幸福的人就是笛卡儿先生了，我羡慕他的生活方式。"

要知道在此之前她只是对笛卡儿略有耳闻。而那时笛卡儿已经孤身一人在荷兰过了二十年，将孤独进行到了极致。

当然想要拥有自我，享受自我，像笛卡儿那般，就必须具备充足适宜的外部条件。如果有谁能够被命运与自然眷顾，得到了好运，为了让这份内在的幸福源泉一直为他流淌不断，他必然会对这份好运精心呵护，因此他需要独立与闲暇。他愿意用节俭与适度来交换闲暇与独立。

想要实现这种交换，就不能如别人那般仰仗快乐的外在之源，对外在之源依赖得越少，交换越容易实现。因此他们不会被误导，不会为了世人的赞美，不会为了追求财富地位，去牺牲自我，去对别人的卑鄙心思屈服，去迎合那些趣味低级的人。到了必须做决断的关键时刻，他们的做法正如贺拉斯给梅塞纳斯❶的信中所建议的一样。牺牲部分或者全部内在之物，比如闲暇、独立、安定，去换取类似品阶、名誉、名声、头衔、奢华等外在之物，这是再愚蠢不过的行为。歌德却正是如此。但我的信念令我坚持与其不同。

---

❶ 梅塞纳斯（Gaius Cilnius Maecenas，前70—前8），罗马帝国皇帝奥古斯都的谋士，外交家。

第二章·论人的自身

在此，我要阐明一点，人生幸福的主要源泉源自其内心。这是条真理，亚里士多德的论述可以为此佐证。在《尼各马可伦理学》中，亚里士多德指出，所有的享受都是有前提的，这种前提是某一种活动，也就是某种力量的发挥，如果没有活动，自然也就不会有享受。

在亚里士多德看来，充分发挥自我的卓越能力，人才能幸福，在斯托拜阿斯❶关于逍遥学派伦理学（《优台谟伦理学》第2卷第7章）的阐述中也有对此学说的记载：幸福是恪守美德充分发挥天赋能力，因而在实际行动中得到了预期的结果。

除此以外还有一个论断，就是"优秀即美德"。自然赋予了人类各种能力，本是为了让人类与周围的困窘做斗争。可当斗争停止后，这些能力不但没有用武之地，而且还成了人类的负担，人类不得不拿这些力量去玩游戏，不然就会陷入无聊这个人生痛苦的又一根源中。

那些豪富权贵也正因此首先坠入无聊之中而备受折磨。关于这些人的苦难，卢克莱修有过描述，他所描绘的场景我们如今在每座大城市仍天天可见：

---

❶ 斯托拜阿斯（Joannes Stobaios），为儿子抄录数百篇希腊的格言警句，如今这些格言警句的原作大多已佚失，只有斯托拜阿斯的部分抄录仍存于世。

走到门外，

对宫殿生活已厌倦。

而外面没有家中好，

所以立即折回。

好似房子失火一般，

立即奔回房子。

一进去便呵欠连天，

倒头大睡，

尽量去忘记自己，

直到想回城寻乐为止。

——《物性论》第3卷第1060—1067节

这些男性在年轻时必然欲望强烈、精力旺盛。但等到了人生后半段，剩下的只有精神。倘若缺乏精神，或者对精神没有培养，缺少能够激活精神的材料，那就非常悲惨了。

而意志在此时就是唯一取之不尽、用之不竭的力量，意志可以被迸发的激情所刺激，比如，赌博能够对意志产生刺激，可赌博会使人堕落，是一种恶行。

但是通常来说，每个人都应该根据自己突出的能力，在闲暇时根据自己的这份能力去选择一种游戏，来让自己不无聊，可以下棋、打猎、绘画、打保龄球、制作音乐、赛跑、作诗、打牌，也可以思考哲理、赏玩纹章，诸如此类。

我们就此可以做细致分析，去追溯人类基本的三种生理力量，也就是人类发挥力量的根本源头。

我们要想观察这三种力量，就只能通过游戏，而且这种游戏必须没有任何功利性的目的，这三种力量在游戏中是享受的来源。

这三种力量我们每个人都具备，只是在每个人身上每种力量的强弱有所不同。选择哪种游戏应该根据其自身所具备的力量强弱来做决定。这三种享受，排在首位的是有再生力的享受，饮食、消化、睡眠、休息都是其体现。

其次是体力的享受，不仅各种游戏运动为其体现，比如摔跤、舞蹈、击剑、跳跃、漫步等，甚至狩猎、格斗与战争也是其体现。

最后则是智力的享受，思考、感受、静观、绘画、音乐、学习、阅读、作诗、发明、冥思、幻想等均为其表现。关于各种享受的程度、长度、价值，在此留给读者自行去尝试。

但享受源于自我发挥的力量，幸福感则源于不断的享受，而决定享受的力量越强，享受也越多，幸福感也越强，这是我们每个人稍微思考一下就会明白的道理。由此来看，智力比其他两种基本的生理能力都要高，这是谁都无法否认的。

人类的智力比其他动物都要高，这是毋庸置疑的，而在其他两种力量上，动物不但与人处于同一水平，而且有时比人类还要更高。人类的智力越高，越能得到所谓的理智享受，也就是存于认知中的享受，因为人类的认知能力是智力的一种，理智享受越多，说明智力越优秀。❶

人生之最美是什么

如果想让普通人主动去关注一件事情，唯一的解决途径就是这件事要与其个人利益相关，这样才能刺激其意志，令他的

---

❶ 大自然的步步登高，一开始是在无机物的机械作用与化学作用下，然后是植物以及缓慢的自我享受，之后是动物。动物的智力与意识开始启动，一开始很微弱，但渐渐提高，直到最后迈出一大步，将自身提升为人类。因此，人的理智，是自然创造的巅峰，实现了自然的创造目标，是自然能交出来的最复杂、最完美的作品。但人类自身，也将理智划分为许多明显的等级，能达到最高级别，属于真正的理智的，只有极少数人。因此，从相对狭窄、严格的角度来说，极少数的这些人才是自然创造的最高端、最复杂的产品，举世罕见，弥足珍贵。只有这样的理智才会生成最清晰的意识，在这样的理智中的世界才是最完整清晰的。在地球上最珍贵高尚的就是生来就具有这种理智的人，享受的源泉，他已拥有，其他的也就不值一提。他需要的只是不受打扰的闲暇，这样他才能专心享受天赋的理智，去打磨他的"钻石"，除此以外，对外界他别无所求。与智力无关的享受，也就是其他享受，可以将它们全部归属于意志的运动，也就是归属为希望、愿望、恐惧与完成，不管其目标究竟为何，想完成这一目标，就不可能没有任何痛苦，就算目标完成，通常也会多少感到失望。而享受智力的结果则与此相反，真理会越发清晰。理智的王国中，不存在痛苦，只有认知。但是智力的享受对每个人来说，都是间接的，由他自身智力的高低来决定："胸中无墨，天下文章无用武之地。"但伴随着优势而来的还有一个明显的劣势：智力越高，对痛苦越敏感。拥有无与伦比的智力，那么对痛苦的感知能力也是无人能及的。——叔本华注

意志活跃起来。但可惜的是，这种不间断的意志活动会因为驳杂而让人产生痛苦。

盛行于各地上流社会的纸牌游戏其实是一种刻意的工具，虽然纸牌游戏只能稍微地刺激一下意志，但同样，带来的痛苦既不严重也不长久，只是轻微短暂的，可以被看作意志的瘙痒。

精神出众的人则不同，他们的认知是纯粹的、全神贯注的，没有一丝一毫的意志掺杂其中。他们需要这样做，也有能力这样做。这种专注使他们进入一个领域时，在这个领域里他们不知道什么是痛苦，就如同进入了一个逍遥仙境。

普通大众的生活则是麻木迟钝的，他们头脑中的奋斗，从根本上来说只是为了谋求自身福利，哪怕从中所获得的利益不值一提，他们费尽心思想要清除全部的困窘。等到普通大众开始面对自己，不去为实现目标而奔波忙碌时，马上就会被无聊侵袭，能让习惯懒惰的众人有所行动的唯有激情之火。

精神出众的人一生非常有意义，不但有丰富的思想，而且还有透彻的体验。环境允许的话，这类人喜欢独处，心中装满的事物有趣又有价值，自身就具备快乐之源。

经由外界的刺激，这类人会看到大自然和人类的杰作。对那些来自不同时代、不同国家的天赋卓绝人士的各种成就，也只有这类人能够切身感知、彻底领悟。

他们视那些俊杰为知音，对他们而言，这些人是真实存在的，而其他人则与之相反，他们对那些杰出人物只是略有耳闻，更不会深入去了解。精神出众的人与其他人相比，自然也就更需要学习、研究、联系、思考、观察，因此对闲暇格外需要。

享受的前提是需求，倘若没有真正的需求，自然就不会有真正的快乐。

那些与享受无缘的人，他们没有真正的需求，因此享受也拒绝为他们开门。哪怕他们身边堆满了如山一般的艺术之美、精神之美以及各种各样的精神产品，他们也对此视而不见，无法欣赏。

一个人如果能得到命运的眷顾，那么他不但拥有个人生命，而且还拥有可以视为第二生命的精神生命。对他来说，个人生命只是一种方式，而他真正的生活目的则是精神生命。

其他人的生活目的很浅薄，只是为生存而生活，充满着悲愁。精神生命对精神出众的人来说会成为其主体，就好比一件正在创作中的艺术作品，因为知识与见解在不断增长扩展，于是越发地自成一体，日趋完善。可悲的是，其他人的生命仅有一个完全面向实际的目标，即个人利益，他们的生命得不到深化，只能延长，他们的生活目标也只能如此，而这只不过是精神出众之人生活上的手段而已。

如果没有了激情，我们的现实生活就会变得乏味，然而在激情的作用下，我们很快又会变得痛苦。因此一个人的理智在满足意志的需求后还能有盈余，那么他才会感到幸福。

这类人不但拥有现实生活，而且还拥有精神生活，他们在精神生活中能够自得其乐，没有任何痛苦。想仅仅依靠彻底的闲暇就能做到这一点的话是不够的，必须确定理智的力量是有富余的。

如果想要进行不服务于意志的、单纯精神的活动，那么就必须有充足富余的理智的力量。"倘若没有精神活动去对其进行充实，闲暇便会死亡，成为生者的坟墓。"（塞涅卡，《书信集》第82回）

精神生活开展于现实生活之外，且有数不清的种类，简单地描绘、收集飞鸟、昆虫、硬币、矿物等是初级阶段，而创作诗歌、著述哲学则是顶级阶段。精神的盈余程度决定了到底适合从事哪一种精神生活。这样的精神生活能够抵御并预防无聊以及无聊带来的恶果。

我们可以将其当作防护盾，用来抵御那些不适合我们的朋友，这样就能够防止那些纯粹为了在世界中追寻幸福而堕入不幸与危险、导致挥霍与损失的事情。比如，尽管我的哲学从来不曾给我带来任何好处，但我却在它的帮助下避过了很多损失。

而那些普通大众，他们的人生快乐仰仗的却是财富、地位、妻儿、朋友等此类身外之物，他们借助这些拥有人生幸福。

一旦失去这些，或者一旦被欺骗，那么他也会失去人生幸福。我们可以用重心在其身外来形容这种关系。也正是这个原因，他会不断改变心愿与其他奇怪的想法。

倘若有足够多的钱财，他便会沉迷奢华享受，不是在购买别墅，就是在购买马匹；不是大肆宴请宾客，就是外出旅行。总之，他通过这些身外的事物，来追求满足感。体质羸弱的人吃药或喝清淡的肉汤，以为能因此变得健康并且充满力量，但健康与力量只有一个真正的源泉，即自身的生命力。为了防止由一个极端跳到另一个，我们来想象这样一个人，他的精神一般，仅比普通水平略高，他从事某种科学研究或艺术活动，比如天文学、历史学、物理学、植物学、矿物学等，是因为爱好与兴趣。

假如外界的幸福不再让他有满足感，或者幸福的外部源泉彻底干涸，通过科学或艺术，他很快就会重拾大半快乐。甚至我们可以这样说，他的重心在某种程度上已经置于其自身之中了。

但只是单纯地喜欢艺术，与艺术上的创造力相比会有很大差距，单纯的科学研究，也只能是研究现象与现象之间的关系而已。艺术与科学不是他的全部，他也做不到全身心地投入其中，他对除此以外的事物还有兴趣，他的生活也无法彻底融入其中。他无法触及的境界只有精神绝佳的人才能达到，我们必须称呼那些精神卓绝的人为天才。

对于事物的整体绝对存在与本质这一主题，他会根据自身取向偏好来决定，借助诗歌、哲学、艺术来表达他的深刻理解，而能够把事物的整体绝对存在与本质作为主题的只有天才。心无旁骛唯有天才才能做到，他们喜欢并享受孤独，对工作与思考的需求迫切，对他们来说最宝贵的就是闲暇时间，其余的都微不足道，还会被他们当成累赘。

只有这类人的重心才是完全置于自身之中。这样我们便能理解为什么这类罕见的天才，哪怕性格再好，也无法对亲朋好友及他人展现出亲密与怜悯，而其他人在这方面却没有问题，那是因为天才能够从一切事物中得到满足，只要他们拥有自我。

促使他们喜欢独处的一个要素是从其他人那里从来不可能得到彻底的、真正的满足，从别人身上他们找不到共同之处，反而总是感到格格不入，他们渐渐地习惯了在世间与众不同地行走，习惯了用"他们"来称呼其他人，而不是使用"我们"。

俗人天生的基本属性

我们的道德越优越，越令我们备受尊重爱戴，因为道德对别人有所助益；而我们的理智越出众，越令我们受人憎恶，因为理智只对我们自身有所帮助。

由此可见，倘若一个人被自然赐予丰富的精神，那么这个人必然是幸福的。主观事物与客观事物相比较，距离我们更近的无疑是主观事物，客观事物必须借助主观事物这一媒介才能起到作用，因此排第二位。关于这一点，有诗为证：

> 灵魂的内在财富才是真财富，
> 其他财富带来的烦恼多于快乐。
>
> ——琉善[1]《文选》

---

[1] 琉善（Lucian of Samosata，约125—192），古罗马作家。

一个内心丰富的人，除了闲暇时间，对外界再没有什么别的需求，他的精神能力在闲暇中得到发展培养，从而可以充分享受其内在财富，如果外界允许的话，他甚至一生都愿意时刻独自一人。

倘若一个人必然会给人类留下他的思想轨迹，那么他的幸福只有一种，他的不幸也是如此。倘若他的天赋能够得到充分发挥，能够让他完成创作，那么他便是幸福的；倘若他被阻挠，那他便是不幸的。

除此以外的一切，对他来说不值一提。不管在哪个时代，那些伟大的头脑都把闲暇视为世间至宝。一个人闲暇的价值与其自身价值成正比，他自身价值愈高，闲暇价值愈大。亚里士多德曾这样说："人的幸福看来是在闲暇之中。"（《尼各马可伦理学》第10卷第7章）而根据第欧根尼·拉尔修所说，苏格拉底认为最美好的财富就是闲暇。（《名哲言行录》第2卷第5章）亚里士多德所阐释的幸福（《尼各马可伦理学》第10卷第7、8、9章）则与之相呼应。

在《政治学》（第4卷第11章）中，亚里士多德说："真正的幸福生活是要避免善德善行的拖累与麻烦。"换言之，无论哪里出众，唯有将出众之处无拘无束地发展，才能拥有真正的幸福。

这也适用于此处的讨论,与歌德在《威廉·迈斯特》中的那句"天赋才能,才尽其用,为人生之最美"是同一个含义。

但拥有闲暇,在人性上与普通人难以相容,在命运上与普通人截然不同。花费时间来为自身与家人谋求生存与生活是人的自然命运。人并非生来拥有自由心智,而是生于困窘。

那些普通人在闲暇时忙于游戏、消遣,忙于追求各种人为的空幻目标,他们如果不用这样的方式来打发闲暇的话,闲暇就会成为他们的负累,到最后会成为折磨,也是因为这样,闲暇对他们来说有风险。

毕竟"无事生非",这句话说得非常贴切。另一方面,有些理智非比寻常,远远超过正常的水平,一旦出现,那些天生拥有它的人,想要幸福就必须有闲暇,哪怕这闲暇只会让其他人徒增烦恼,甚至堕落。

那些被上天赐予出色理智的人如果没有闲暇的话,就好像是拖着重物奔驰的骏马,最终只会酿成悲剧。但不一样的是,倘若来自外在的非自然与来自内在的非自然汇合的话,这两种非自然交织在一起,会带来出乎意料的幸运。

因此,一个同时拥有这两种非自然的人可以过上高级的生活,在他的生活中那两种彼此对立且会给人们带来痛苦的根源不存在,他的生活既不无聊,也不困窘。他无须为谋生劳心费神,承担闲暇(也就是自由生活)的能力他也具备。而普通人若是想要避开无聊与困窘这两重苦难,唯一的办法就是任由这两者彼此否定,相互抵消。

然而根据上述种种,我们也要顾及事情的另一方面,那些精神天赋出众的人,他们的神经极为活跃,因而在面对各种不同类型的痛苦时会分外敏感。

我们应该更深入地思考一点,精神出众的人,不但富有激情,而且想象力也格外活跃、丰满,能够引发大量情绪,但它所引发的情绪一般来说苦闷多过愉快,因而导致一种不平衡的强烈情绪产生。

最后一点就是精神杰出的人会因为拥有卓绝的精神而与其他人疏远,不加入到其他人的活动中。因为他自身拥有越多,在旁人身上发现的就越少。

令普通大众满意的事物,对他而言非常乏味浅薄,甚至经常还有人认为,精神力量最弱的人是最幸福的,尽管并没有人会为此而羡慕他们。这种想法倒也没有什么不对。但我会让读者自己思考到底这样说有没有道理。

索福克勒斯[1]对这一问题也曾发表过两种截然不同的说

---

[1] 索福克勒斯(Sophoclēs,约前496—前406),古希腊剧作家。

法。他曾说：

> 头脑聪明乃是一个人幸福的主要成分。
> ——《安提戈涅》

不过，他又说：

> 生活中最开心的莫过于什么都不知道。
> ——《埃阿斯》

在《旧约》中，哲人对这个问题也有众多说法。一说为：

> 蠢人没有活着的意义。
> ——《便西拉智训》第22章

另一说为：

> 智慧越多，悲伤越多。
> ——《传道书》第1章

另外，我在此还要补充一点：有的人精神刚刚好，不多也不少，因此他没有一丝一毫的精神需求，这样的人有个再恰当不过的称呼——俗人（Philister）。

德语 Philister（菲利斯特人），原本是学院用语，后来有了另外一层含义，原有的比喻含义却一直保存了下来，通常指的是"缪斯之子"的反面。

这样的俗人一直只能是"被缪斯抛弃的人"。如果让我从更高的角度来给俗人下定义的话，我会认为，俗人看似认真地为现实忙碌，但他所忙碌的并非真正的现实。但是在本书中我是站在普通大众的立场上的，提出这样一个超出普通人经验与体验的定义并不合适，并不是所有读者都能明白。

而第一个定义相对更好解释，它直接指出了俗人独有的品质根源这一问题的实质。根据这个定义，我们便会知道没有精神追求的人就是俗人。通过这个定义，我们可以推导出若干结论。

通过之前提到的原理，倘若没有真正的需求，那么也便不会有所谓真正的快乐。由此便知道俗人自身没有精神快乐可言。为求知而求知的冲动与追求真正审美快乐的冲动，其实本是一家，但可惜不管是这两者中的哪一个，俗人的生命都不会为此而产生活跃。

倘若迫于时尚或者权威去面对这份快乐，对他来说好比上刑一般，只想尽快求得解脱。只有源自感官的快乐对他而言才是真实的，他借助感官快乐来弥补遗憾。因此，制造所有能够使其肉体感到快乐的东西就是他的生活目标，香槟与生蚝是其人生的亮点。

假如他不得不为实现这一生活目标而付出巨大的努力，那么他的运气也未免太好了。因为倘若他人生刚开始就拥有想要的那些物品，那么他便会陷入深深的无聊之中并且难以自拔。他会尝试能够想到的一切去打发无聊，比如看戏、跳舞、打牌、赛马、社交、旅行、饮酒等。

然而精神需求少的话，就注定不能让人享受到精神快乐，那么这些人根本无法应付无聊。因此，俗人既死板又乏味，还带有一种典型的严肃。

没有什么能够令俗人感到快乐，也没有什么能够令俗人感到激动，自然也没有什么能够引起俗人的兴趣。而很快感官的快乐就会干涸，俗人的社交圈子也会变得乏味，到最后就连打牌也会让他觉得索然无味。

他只不过在贪慕虚荣，且乐此不疲。他认为只要比别人的地位更高、财富更多、权力更大，就能够赢得别人的尊重，因而他不是在为此努力，就是想要通过接近上述名流来沾光，也就是所谓的趋炎附势。

我们可以通过俗人天生的基本属性，推出第二个结论：从与别人关系的角度来说，俗人有的只是肉体需求，而非精神需求，那么他寻找的必然是能够令其肉体需求得到满足的人，当然，精神出众的人绝对不在他的寻找范围之内，而且他一旦遇到精神出众的人，反而会觉得不舒服。

因为他在精神出众的人身旁，越发能感受到自身的愚蠢，感受到极度的自卑以及难言的嫉妒。他小心地掩饰这份嫉妒，不想承认，因为这份嫉妒可能会逐渐变为难以启齿的狂怒。一旦变成这样，他对优秀的精神就再也没有办法欣赏、尊重。

他眼里能看到的优点，能被他真正欣赏与尊重的只是财富、地位、权力以及影响，他的诉求就是在上述方面出类拔萃。之所以会这样，归根结底是因为他这个人根本没有精神需求。

对俗人来说，最大的痛苦在于不能从理念中获得任何趣味，他们需要借助现实来逃离无聊。但现实要么给人带来各种各样的灾难，要么很快就会干涸，从中得到的只是厌倦而非乐趣。

而理念则不同，它永不枯萎，自身永葆天真纯洁，永远无害。关于幸福的个人特质，我在此用了整整一章来探讨。我在此首要探讨了精神。

至于道德的优越是如何让人们感受到幸福的，请读者们参阅我的得奖论文《论道德的基础》。❶

---

❶ 叔本华的论文。《论意志的自由》曾获得挪威皇家科学学会奖。1840年，其论文《论道德的基础》没有拿到丹麦皇家科学学会奖。同年叔本华将两篇论文合集出版，书名为《伦理学的两个基本问题》。

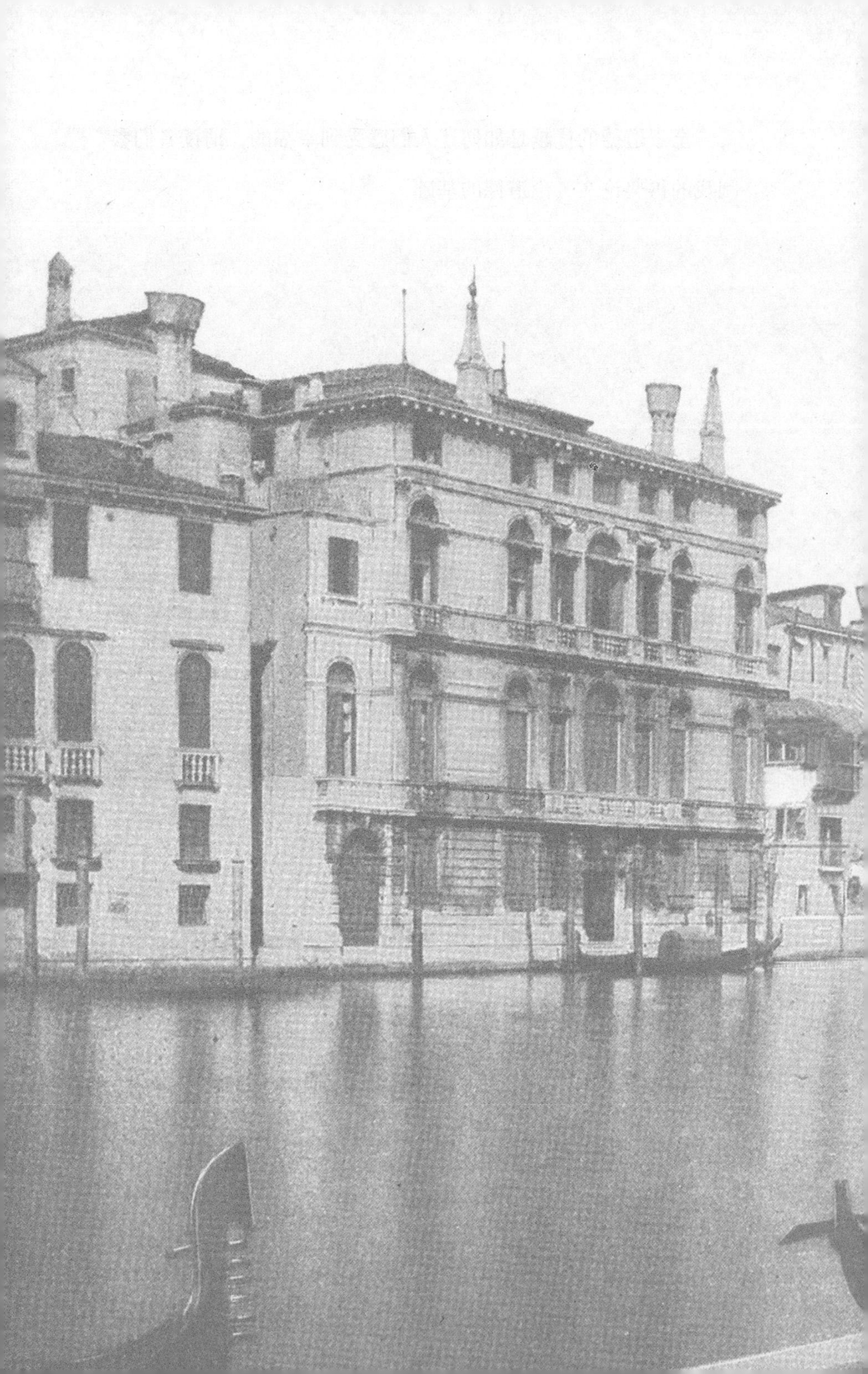

第三章

论人的财物

人的三大需求划分

伊壁鸠鲁这位幸福学大师将人的需求精准又巧妙地划分为三类。

第一类需求是自然而必要的，人们得不到满足的话会感到痛苦。这一类需求很容易被满足，饮食、穿衣就属于这一类。

第二类需求是自然但非必要的，性需求就属于此类。伊壁鸠鲁没有这么确切地说（对伊壁鸠鲁的学说进行重述时，我会做出一些修饰与矫正，在此也是如此），而依照拉尔修的记载，想要使这个需求得到满足并非易事。

第三类需求则是非自然也非必要的，比如对荣誉、奢侈、华丽、辉煌的需求。此类需求很难得到满足，因为它是无止境的。

但如果想要判断什么样的占有欲是合理的，那几乎是不可能的，就算能做出判断，那也非常难。因为能够使占有欲得到满足，要看占有与所求二者之间的关系，其衡量基础是相对的量，而不是一个绝对的量。

只看占有，将其与索求分开来，不管索求，那么占有便没有任何意义可言，就好比分数的分子，如果脱离了分母，那么它也不具备任何存在的意义。

倘若一个人对某些财物从未索求过，那说明即使没有那些财物，他依然可以得到满足，他并不缺少那些财物。可另一个人比他富有，却跟他完全不同，哪怕只缺少一件财物，他也会感到痛苦。

关于财物，人人都有属于自己的视野，每个人渴求之物的范围由这个视野来界定。一个人的视野范围有多远，其索求之路就有多远。

倘若某种财物在他的视野范围内，并且他对获得这种财物充满信心，那么他便会觉得幸福；倘若困难重重，他对获得这种财物没有信心，那么他便会感到痛苦。那些处于视野范围之外的财物，对他来说不会产生任何影响。

因此，穷苦的人并不会因为富有的人拥有万贯家财而感到焦虑。同样，倘若富人追求财物未遂的话，也并不会因为自身已有的财富多而得到安慰。财富似海水一样，越饮越渴——名誉也是如此。一旦熬过最初失去财富的痛苦之后，我们的心态便会慢慢恢复正常。

如果我们拥有的财富的量被命运变小，那么我们也会把自身索求的量跟着变小，两者变小的程度是相等的。遭遇不幸后的适应过程才是真正令人感到痛苦的，但只要适应了这个过程，那么痛苦就会越变越小，到最后甚至会感受不到，就如同已经结疤愈合的伤口。

倘若遇到好运，控制我们索求的门槛被抬高，那么我们的索求也会跟着被抬高，我们也能从中感受到快乐。但这份快乐并不长久，会随着好运的结束而终结，可在这段时间我们已经习惯了高索求的标准，再面对与索求相符的财物自然不会有所动容了。

金钱对人的意义

在《奥德赛》中荷马就提过这点，他的结论是：他们的心情会跟着众神之父宙斯对他们的态度变化而变化。我们企图将索求的量不断提高，但财富的总量始终不变，这便成了一个阻碍，是我们得不到满足的根源。

人类生于索求，也在不断索求，因此将财富看得比什么都重要，甚至对财富盲目崇拜，把权力当成占有财富的一种手段，这也怪不得普通大众为了追求财富而不惜付出一切代价，什么都能抛在脑后，比如，为了金钱，哲学教授放弃了他的哲学。

常常会有人责备普通大众一心只想着谋求财富，眼里只看得到金钱。但是实际上，我们有形形色色的需求，也有不断变化的愿望，而金钱就如同海神普罗透斯❶那样富于变化，总会时刻以我们所需所想的形象出现在我们面前，因此我们不可避免地会喜欢金钱，这是再自然不过的事情。

金钱以外的物品只能满足一种需求，也只能满足一种愿望，比如，食物能满足饥饿之人的需求，美酒能满足健康之人的愿望，药物可以满足病患的需求，皮草适合冬天所需，等等。

这些固然都是人之幸福，但只是相对的，只有金钱才是绝对的。因为金钱能满足一切需求，而且能满足不止一种需求，不管是具体的还是抽象的。

我们手里的财富能够帮我们抵御可能会发生的各种不幸与苦难，能够保护我们不受伤害，我们应该视其为壁垒，而不应该将它视作追求世俗快乐的许可证。

有些原本没有什么财富的人，因为某种原因发了财，从此这些人总沉迷于幻想之中，认为他们的永久本金就是自身的才能，而利益是他们的收益。因此他们不再厉行节约，不再增加永久本金，而是有多少收入便消费多少。因此这种人通常都会在未来陷入穷困之中。

要知道他们的才能也许只是短暂的，比如，没有哪种艺术

---

❶ 普罗透斯（Proteus），希腊神话中的海神，擅长改变形状。

上的才能可以长久存在，自身的才能很可能会干涸。他们的才能很可能在特殊的情况或状况下适用，但这些特殊的情况与状况已经结束。

一旦发生上述情况，他们的收入就会减少，甚至会彻底没有收入。手工艺人之所以能够坚持收入与支出两清的生活方式，不光是因为他们不会轻易失去工作能力，而且还有体力做替补。再者，他们制造的产品对人们来说是生活的必需品，不管在什么时代都有市场。

有一句谚语说得再贴切不过："会门手艺，脚踩黄金。"但是对各种技艺的大师以及艺术家来说，情况则大不一样，所以他们收费昂贵。他们狂妄自大，视收入为利息，因而走向困窘，事实上他们应该视收入为本金。

那些继承了财富的人倒是不一样，至少他们能够马上对本金是什么、利息是什么有正确的理解。他们当中的大部分人可能不动用本金，尽力保全本金，只要条件允许，他们至少会拿出利息的八分之一存作本金，以防日后本金减少。因此，他们大多过着富裕的生活。

以上所说，对商人来说不适用。金钱本身就是商人获得收入的方式，就如同工具之于手艺人一般，因此就算他们的金钱是自己挣来的，他们也还在努力保持金钱并使其增值，而保持并增值金钱的方式就是使用金钱。商人比其他人更懂得使用金钱、增值金钱。

我们发现，通常那些真正经历过匮乏与困窘的人，与那些只是听说过却不曾经历过的人相比，前者更无所畏惧，也就更容易倾向挥霍无度。

来自命运的眷顾

有的人能够很快脱贫致富是借助某种好运或者是某种特殊的才能；还有的人则相反，他们生于富裕，长于富裕，一直都钱财无忧。

两者相比的话，后者通常会对未来考虑得更多，也就会比较节约。也许有人会从中得出结论：从长远来看，困窘挺麻烦，但实际上没有那么糟。

但是在我看来，财富对生于富庶之家的人来说是必需品，他们只有一种以财富为要素的生活方式，财富对他们来说就像空气一样重要，因此他们须像爱惜生命一样来爱惜财富，所以他们通常会简朴节约、谨小慎微、遵守规则。

而对那些生于贫苦之家的人来说，贫穷困苦是再自然不过的事，假如以后他因为机遇而能够财富有余的话，他会把这些多余的财富用来挥霍享受,财富也就再次没有了,他只不过回到拥有财富之前的日子,尽管少了财富的助力,但同时也少费一份心思。就如莎士比亚说的一般:

需要证实的格言:
乞丐骑上了马,
就非得跑死马才罢。

——《亨利六世》下篇第一幕

当然还要补充一点,这些人的头脑与内心中的信心非常坚定。他们对命运与自身能力深信不疑,他们已经通过自身的能力摆脱了贫苦与困窘,所以他们并不会如富家子弟那般视贫苦与困窘为不见底的深渊,刚好相反,他们认为触底反弹后可以再升到更高的地方。

人类的这一特性可以用来解释以下现象:出身贫困的妇女比嫁妆丰厚的女性索求更多,也更能花钱;有钱人家的女性结婚时带来的不仅是财产,同时也带来了更多保护财产的激情,甚至会带来承袭于家族的本能。倘若有人对此持否定意见,请参阅阿里奥斯托的第一首讽刺诗,可以从中觅得支持他的观点的权威说法。

约翰逊博士认同我的观点:"有钱的女性,惯于处理钱财,谨慎花销，但是那些结婚后才开始掌管钱财的女性却不同，她们花起钱来大手大脚，花钱如流水一般。"(《约翰逊传》，包斯威尔著）

无论诸位的财富是挣来的还是继承来的，我在这里建议大家好好守护你们的财富，我绝不认为我所写的是没有意义的事。

生而富有，而且没有家室拖累，那么这个人不需要工作也能拥有舒适的生活，实现真正的独立，这无疑具有很大的优势，如此便完全挣脱了贯穿人生的匮乏与烦恼，从劳役中解脱出来，告别了人类的自然宿命。

只有被命运如此青睐的人，才是真正意义上的自由人。只有这样，人才能真正自主独立，才能做自身力量与时间的主人，才能每天早晨说："这一天是我的。"

因此，一千塔勒年金与十万塔勒年金，这两者之间的差别，同一千塔勒年金与没有年金之间的差别相比较，小得不能再小了。但是，如果精神天赋卓越的人，生来就拥有财富，其醉心沉迷于事业而不追求金钱，那么他所拥有的那笔财富就能够实现最高价值。因为命运对他双重眷顾，他能够活出他的天赋来。他会取得无人能及的成就，他会造福整个人类，成为人类的骄傲，他能百倍地回报人类给予他的恩惠。还有和他处境相同的人，去从事慈善事业，济世救人，也为人类做出了巨大的贡献。

对清贫的人有利的职业

有些人不管在哪一方面都一事无成，不但不为取得成就付出努力，而且连认真学习一门科学都做不到，自然也就更不用提对科学发展有丝毫贡献了。

这类人就算继承了财富，也是终日游手好闲、不思进取。这类人也不会幸福，虽然他挣脱了困窘，但却坠入了无聊的深渊，也就是人生痛苦的另一个极端。困窘只是让他忙碌奔波，而无聊则会令他备受摧残。

尽管如此，他还很容易就被这份无聊诱导去过度奢侈，而奢侈会将他无法享受的优越条件剥夺。这份无聊锥心刺骨，有很多人为了缓解片刻无聊而花光了手里的钱，从而陷入贫苦，这种人多得数都数不过来。

倘若有些人把升迁作为目标，那么他就必须多结交朋友，构建关系，获得赞赏，从而一步步往上升，也许还有登顶的可能。此时的情况又是另一种，与前面所说完全不一样。

通常来说，升迁也许对家境贫寒的人来说更为有利。如果一个人有些才干，并非贵族出身，而是彻底的穷人，那么便会很容易赢得被举荐的机会。因为觉得别人比不上自己，是每个人最喜闻乐见的，也是每个人愿意追求的，不管是在单纯的谈话中，还是在工作中，都是这样的。

歌德揭示的那个潜藏的真理，唯有穷人在年轻时就早已知晓其中之意。歌德说：

> 不要指责卑鄙，
>
> 这世上卑鄙和无耻才最有权威。
>
> ——《西东诗集》

至于那些出身富裕的人，却学不来穷人的谋略。他们习惯了昂首挺胸，大多生性桀骜难驯，而最后大概会面临这样的困境：尽管对上司的卑劣有清醒的认识，但他们以此为耻，或者不愿与无耻卑鄙者为伍。所以他们不被人青睐。到最后，他们也许会跟伏尔泰一同嬉皮笑脸地说："此生不过短短几日，若还要对卑鄙无赖摇尾乞怜，着实不值。"

可惜"卑鄙无赖"一词有太多主语可用，那些多得要命的主语都是世界提供的。"才高家贫，难以攀升"，这句出自尤文纳的诗用来形容艺术大师的生涯再适合不过，对于那些普通大众的生平却并不适用。

在此，我并没有把妻子、孩子算到人的财物里，因为实际上一个人是归他的妻子、孩子所有。朋友勉强可以归入人的财物里，但在这里有个前提，那就是拥有者必须也为他人所拥有，而且拥有的程度必须是同等的。

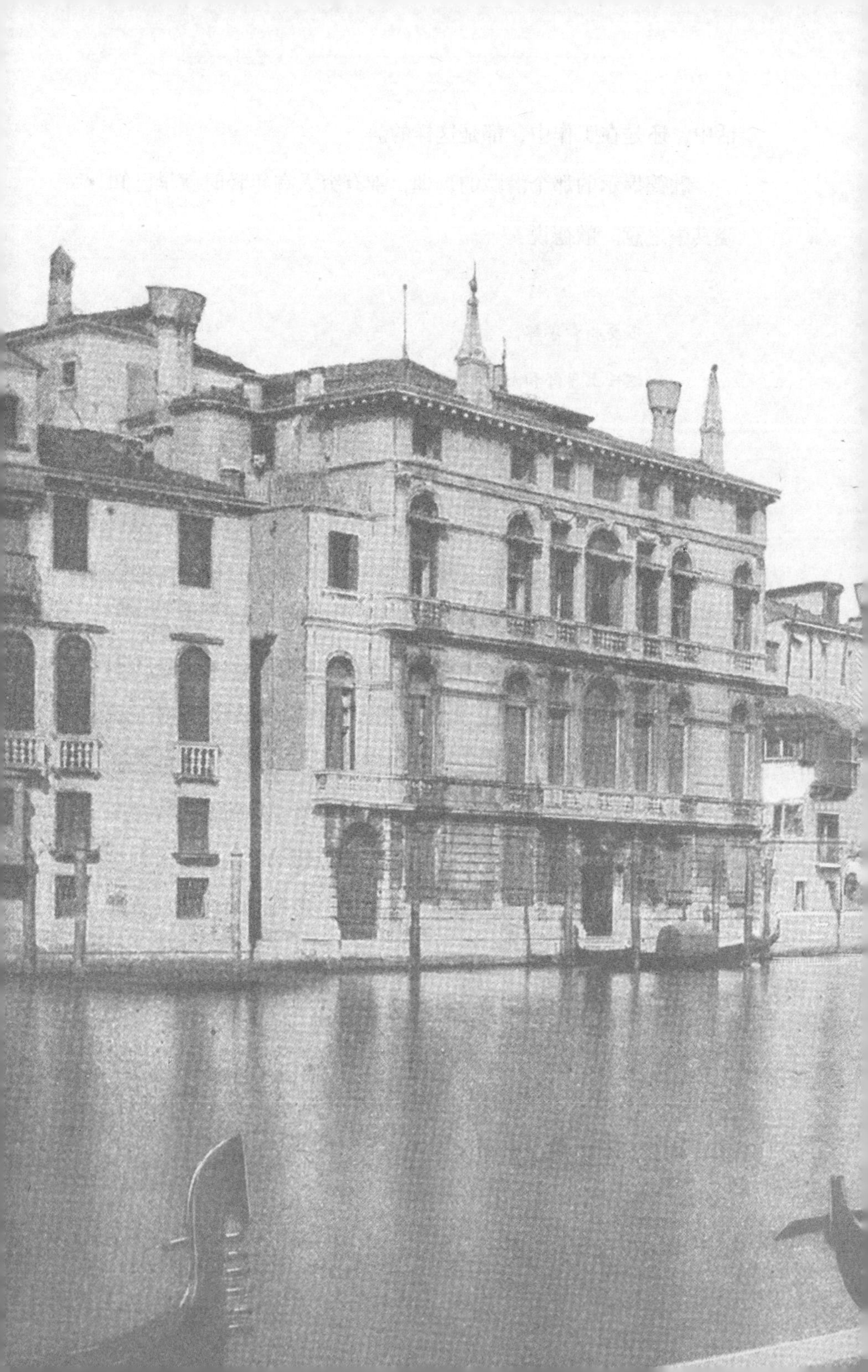

第四章 论人的形象

不过分在意别人的评价

人的形象是人类本性的特殊弱点。所谓人的形象，就是我们在别人眼中、心中的样子。它的价值被过于高估。实际上，我们略微思考便会意识到，别人的看法对我们的幸福来说，无关紧要。

但当我们被别人夸赞时，虚荣心便会得到满足，会由衷地感到高兴。这令人很费解。

猫会因为我们的抚摸发出咕噜咕噜的满足声音。一个人听到夸奖时会喜笑颜开，特别是夸赞其自我感觉良好之处时，就算是再明显不过的谎言，也会使他心花怒放。就算遭遇了真正的不幸，就算我们一直在探讨的两个幸福源泉对他来说相当缺乏，但只要有人欣赏他，他便会感到高兴。

倘若他的雄心壮志在某种意义、情形、程度上受到了伤害，倘若他遭到任何忽视、轻视、蔑视，这些都会让他感到深深的痛苦，必然会受到伤害。基于人类的这个特质而建立的荣誉感能够督促人们多行善事。

对于人自身的幸福来说，幸福必不可少的条件是独立与安宁，但荣誉感在这里起不到促进的作用，更多反而是干扰。

对我们来说，限制这种荣誉感是一个好办法。根据人之幸福的价值，我们应该做出合理的思考，进行正确的评估，尽可能地降低对别人如何看待自己的敏感程度，不管这种敏感是源于奉承还是源于伤害，这两者是被同一根绳子绑在一起的。

如果不这样做的话，我们会一直被别人的看法、意见所束缚：

  如此缥缈，

  如此微小，

  但渴求赞美的心，

  有时飘飘欲仙，

  有时仿若掉下深渊。

——贺拉斯

因此，有件事对我们的幸福有着巨大的贡献，即对下面两样东西的价值要做出正确评估：第一，我们自身为何；第二，我们在他人眼中为何。我们一生的全部时光，如何填充这些时光以及之前我们所讨论的有关人的自身与人的财物的全部幸福都属于前者。

因为上述这些都是在我们自身的意识之中起作用。对别人来说，我们是什么，这存在于别人的意识之中，也就是在别人的想象中出现，别人会使用一些概念来进行想象，而我们就在这些概念的边上出现。❶

对我们来说，我们在别人心中的形象是间接存在，经由别人决定如何对待我们而存在，它根本不是直接存在。

此外，我们能够注意到他人如何对待我们，只是因为被某个事物所影响。不管怎么说，发生于他人意识中的一切，对我们自身来说无关紧要。绝大部分人内心脆弱、见解荒唐、想法肤浅、概念狭隘、错误百出，我们一旦深刻意识到这些，也就会渐渐地对此漠不关心。

而我们从自身的经历也会知道，大家一旦对某个人不再心存畏惧，或者确定这个人听不到，那么他们便会鄙夷地谈论他。

我们要是听到几个没头脑的人在肆意评论一个了不起的人，那么便会对此有深刻的认识。这时我们也会清楚，如果过于看重他人意见，那便是对他们过分尊重了。

之前我们已经讨论过两类幸福，如果有一个人不在这两类

---

❶ 最高等的人，风光无限，荣华富贵。他们可以说：我们的幸福都在我们身外，在他人的头脑中。——叔本华注

中寻找幸福，而偏要从第三类中去寻找，他的幸福之源与其真实的自我无关，与其拥有什么无关，而是与别人如何看待他相关，那他将很难获得幸福。

通常来说，生存基础也是幸福基础，是我们作为动物的本性。因此，健康对我们的幸福来说最为重要，其次是自身保障的方式，也就是跟生活有关的丰衣足食。

而所谓名声、荣誉、阶级等，不管人们有多么看重它们的价值、地位，它们也无法与最为重要的前两类幸福相比，也更不要妄想取代前两类幸福。在必要时，我们为了前两类重要的幸福甚至可以毫不犹豫地放弃它们。

事实上，我们每个人首先应该生活在自己的皮囊里，而不是生活在别人的看法中。健康、性格、才能、收入、妻子、孩子、好友、住所这些决定了我们真实的个人状况。对于我们的幸福来说，上述这些比别人如何看待我们要重要得多。

这么简单的道理，如果能及早发现的话，对我们的幸福会有很大帮助。而那些与其截然不同的疯狂想法，只会带来痛苦。

"生命之上，还有名誉。"有人这般纵声呼喊。他认为："生命与幸福，算不得什么，别人如何看待我们更为要紧。"这句话过于夸张，藏于其后的真理则再朴实不过：名誉，也就是他人如何看待我们，这在我们谋求生存、追求上进的发展中通常是不可缺少的。

对此，我之后还会继续讨论。我们看到，在现实中，大家一生都在不停地奋斗，历尽艰险，孜孜不倦，所求甚多。

有人求工作，有人求地位，有人争勋章，还有人求财富，甚至有人研究艺术，追求学问，等等，以上这些的根本目的是想赢得更多的来自他人的尊敬，他们的所作所为只是一种手段，用来提高自己在别人心中的形象地位。可惜这么做只能证明他们有多么愚蠢。

过于看重别人的意见是普遍存在的，但这委实离谱，可能这源自我们的本性，也可能源自社会与文明。不管怎么说，我们的言谈举止被这个可笑的信念决定，我们的幸福从而受到损害。通过对这一可笑信念的危险影响进行追忆，我们会发现，对闲言碎语我们始于畏惧，逐渐屈服，到最后要么是像弗吉尼乌斯将匕首刺入女儿的心脏❶，要么是牺牲自身的财富、安宁、健康甚至生命来换取名声。

对于想要统治或者操控他人的人来说，这个可怕的信念是个使用方便的利器。时刻令受训者保持并增强荣誉感，是所有手段中最主要的一条指令。但我们所关心的是人们的幸福，因

---

❶ 出自古罗马历史学家提图斯·李维（Titus Livius，前59—后17）《罗马史》，为保全女儿的贞洁，弗吉尼乌斯用匕首刺死女儿。

此我们应该保持警觉，提醒自己不要过于看重别人的意见。

可惜的是，我们每日所见到的刚好相反。大部分人都觉得别人的意见非常重要，他们更关心别人如何看待自己，而不是那些于自我意识中直接存在的东西，他们把自然次序搞颠倒了，认为他人的看法才是自身生存的真实部分，他们把那些于自我意识中直接存在的东西当成纯粹的理念。

也就是说，他们认为最重要的，其实只是衍生的与次要的；牵挂在心的，不是自我真实的存在，而只是自身在他人头脑中真实存在的一个图像。

一个对我们来说根本不是直接存在的东西，可我们却对其珍而重之，这是一种可以被称为虚荣的愚蠢，由此可见对虚荣的追求是多么虚无与空洞。

虚荣与贪婪一样，都是把目的抛于脑后，只看重追求手段与方式。我们通常会时刻留心别人的看法，对别人的看法极为重视，甚至会认为这比一切都重要，因此我们在设定目标的时候不可避免地会失去理性，这可以看作一种普遍流行甚至可以说是与生俱来的偏执。

我们做出每一个举动，首先就会想到别人对此会有什么看法。倘若用心思考一下，便会发现，我们近一半的焦虑、担忧是因为担心别人会有什么样的看法而产生的。

对别人看法的在意是自尊的根基，可我们的自尊很脆弱，很容易受到伤害；对别人看法的在意也是自大、虚荣、卖弄、炫耀的根基。倘若没有这种在意别人看法的执拗，那些不必要的昂贵消费品也会减少大半。

骄傲自大、冥顽不灵等态度，尽管领域不同、名目繁多，但它们都源自对别人看法的在意。不管是哪一种牺牲，都是因为在意别人看法的这种执拗导致的。

童年时，对别人看法的在意就会表现出来，这种在意之后会在每个不同的年龄阶段都有所表现，表现最强烈的时候便是人的晚年时期。晚年时，人的感官享受能力已干涸，只有傲慢与虚荣能同贪婪抗衡了。

法国人对别人的看法最为在意，几乎所有的法国人都有这种毛病，他们的民族虚荣心可笑至极，他们沽名钓誉且毫不掩饰，他们惯于自我吹嘘且毫不羞愧。但是他们对荣誉的努力追求没有取得想要的结果，反而被其他民族嘲笑，被戏称为"伟大的民族"。

在这里，我们所探讨的错误是对别人的看法过于看重，我在此举个绝佳的例子来进行阐释。我所举的例子，人物与情景相辅相成，精准地将那股怪异动力的强大展示了出来，那种在人性中扎根的愚蠢显而易见。

我要说的例子选自《泰晤士报》1846年3月31日关于对托马斯·威克斯执行死刑的报道，这篇文章详细报道了学徒威克斯因为报复杀死师傅而被执行绞刑的事件。

报道上说:"行刑的那天早晨,监狱的牧师准时到了。威克斯反应平静,对牧师的布道没有做出任何反应。他心中唯一的挂念就是要勇敢面对观众,他要有个体面的下场。而他显然做到了。他去绞刑台的路上经过监狱大院,他说:'好,我一会儿就会知道多德博士所说的那个大秘密了!'虽然被捆绑着双臂,但他不需要任何人的帮助,只身走上绞刑台的梯子,他上了绞刑台后,对周围的观众鞠躬致意,而围观的人群回以热烈的鼓掌与欢呼,宛如雷鸣。"——在对名誉的追求上,这堪称极致的样本。

死亡无疑是恐怖的,一旦死亡便是永恒,可威克斯对此却不屑一顾,他只在乎自身留在旁观者心中的形象,在乎那些人的看法。

还有个类似的例子,同年在法国发生,勒孔因为刺杀国王而被处以绞刑。他在接受审讯时,因为不能穿戴体面地出现在议会上院而感到消沉;上刑前,他最大的懊恼是申请刮胡子而没有被批准。

以前就不乏此类现象。在阿莱曼[1]所著的小说《古兹曼·德·阿尔法拉谢》中我们便能看到。阿莱曼说,在生命的

---

[1] 阿莱曼(Mateo Alemán,1547—1614),西班牙小说家。

第四章 · 论人的形象

最后时刻，大部分迷了心窍的罪犯为了能够在行刑时发表演讲词而精心准备，却忘记此时应该做的是专注于对自己灵魂的拯救。

我们能够在这些特殊人物的身上寻找到自己的影子。事件越大，越能清楚地把道理彰显出来。

在大多数情况下，我们因为顾虑别人的看法而产生了种种烦恼、愤怒、操心、紧张、焦虑的情绪，这其实与那些罪犯心里挂念的一模一样，同样可笑荒唐。我们之所以会产生仇恨与嫉妒也是因为上述情况所致。

安宁与满足是我们幸福最主要的基础。想要增加幸福，最为有效的办法就是对追求名誉的动力实行限制，把这个动力降到目前的一半，就可以将一直折磨我们的这根肉中刺拔掉。

但因为我们面对的、需要克服的是一个天然的错误，这个错误与生俱来，所以实行起来很难。诚如塔西佗[1]所言："求名最难舍，智者亦难免。"（《历史》）这种愚蠢，人人皆有，只有深刻认识到它的确就是愚蠢才是摆脱它的唯一出路。

想要弄明白的话，首先，必须认识到绝大多数人头脑中的看法通常完全都是虚假的、错误的、荒谬的，没有任何可听取的价值；其次，要认识到在大多数情况下，别人的看法对我们

---

[1] 塔西佗（Publius Cornelius Tacitus，约55—约120），古罗马政治家、历史学家。

的影响是极其微小的；再次，要认识到别人的看法大多尖酸刻薄，如果知道别人是用什么样的语气来议论自己以及如何议论的话，那么每个人大概都会被气死；最后，要认识到名誉的价值不是直接的，而是间接的。

我们如果能够摆脱人人不可避免的愚蠢，完成转变，那么我们的安宁与愉悦就会提升至令人难以置信的高度。同时，我们的一举一动会愈发沉稳安静，行动也会彻底自由而更加自然。

远离人群、独自生活对享受安宁大有好处，我们不用一直生活在别人的眼前，也不用一直顾虑别人如何看待我们，因而能够回归自我。我们同时还可以避开种种真正的不幸。只有这样做，我们才能对真实可靠的幸福进行更多的保护，才能安静地享受生活。常言道："所谓高贵之举，即为难能之事。"

骄傲的基石就是确信

在此，我从野心、虚荣、骄傲这三点来描述人性的愚蠢。虚荣与骄傲并不一样：骄傲是确信自身在某方面价值非凡，这种确信是已经建立的；而虚荣则不同，虚荣是愿望，它的确信是通过在别人心中产生而树立起来的形象，它希望可以在别人心中把这种确信唤起。

因此，我们可以说，骄傲源自内心，虚荣源自外界。前者是直接的对自我的高度评价，而后者的高度评价则是间接获得的。骄傲令人保持沉默，虚荣使人夸夸其谈，这是相对应的。

虚荣的人其实都很清楚，他们孜孜不倦追求的是别人的青睐，但是想要赢得别人的青睐，一味侃侃而谈、口若悬河并不能起到决定性的作用，真正适宜的方式是保持沉默。真正的骄傲并不是想骄傲就能做到的，后者最多只是故扮骄傲而已。但就如同角色扮演一样，他很快会演不下去，脱离角色，暴露自身的真面目。

因为真正能使人骄傲的只有一点，那便是发自内心的并且坚定不移的、无法撼动的确信，也就是说确信自身具有非比寻常的价值，确信自身具有很大的优点。

这种确信也许并不正确，也许单纯是基于外在的、约定俗成的优越而建立起来的，但只要这一确信真实存在，那么对骄傲来说，就没有任何伤害。

骄傲的基石就是确信，因此它就跟一切知识一样，并不是在人们的意愿中存在。虚荣是骄傲最凶狠的敌人，是骄傲最大的障碍。

想要赢得别人的赞美，虚荣就会投其所好，其目的是基于别人的赞美来建立对自身的高度评价。而骄傲的前提则不同，它对自身的高度评价早已彻底确立。

对骄傲，众人总是蛮不讲理地批评、叫骂，我想大部分参与其中的人，他们自身并没有什么能够引以为傲的。很多人都是恬不知耻的，因此每一个有优点的人，如果能够一直专注于自身长处，避免将此忘记，那么实在对自身大有助益。

如果有人忽略自身优点，同这些人亲密相处，看上去似乎和他们同等，这些人很快就会对此深信不疑，并且也真的视他为同类。

那些具有最高级长处的人，我特别给予他们建议，希望他们能够一直牢牢盯着自身优点，他们的这些优点是真实的，是单纯的个人的。这样的优点有别于头衔和勋章，头衔和勋章经由感觉印象才能够一直进入众人的记忆。

若非如此，很快那些家伙就敢当面去教训智慧女神密涅瓦。阿拉伯有句谚语："你若同奴隶开玩笑，他很快会对你展示臀部。"

"有值得骄傲的长处，便应该骄傲起来。"贺拉斯的这条建议非常准确。把谦虚作为美德，大概是那些碌碌无为之人的重要发明；倘若行事遵守这个美德的话，那么每个人的言谈都应该表现得平平无奇，这样的话，每个人都被归到一个水平线上，世界上似乎根本就不曾有过平庸之人。

另外，民族骄傲是最廉价的骄傲。民族骄傲暴露了这样的本质：与民族骄傲有染的人，他们在个人特质上没有任何值得骄傲的，不然他们不会去追求那些数以千万人共有的东西。

但是那些自身拥有强大长处的人，对本民族的短处却毫不犹豫地承认，因为他一直能看到那些缺点。

而那愚蠢的可怜人，在这世上没有任何东西能令他感到骄傲，所属的民族刚好是他能抓住的最后一根稻草，他最终只能以此为傲。他把民族当成靠山，从而得以松口气，因此心中洋溢着感激之情，摩拳擦掌地准备捍卫他所属民族所有的愚昧与缺点。

比如，当我们适当地对英国人那种没落又愚蠢的顽固表示轻蔑的话，在五十个英国人里大概也就只有一个人会对此表示赞同，通常这仅有的一位是个聪明人。

德国人以诚实而闻名于世，因为他们没有民族骄傲。但也有刚好不一样的德国人，尤其是那些"德意志弟兄"❶与民主党派人士，他们对民众说着恭维话，目的是误导民众，他们装模作样地摆出一副充满了民族骄傲的姿态，委实可笑。

甚至还有人宣称火药是德国人发明的，我对此无法表示赞同。

---

❶ 十九世纪上半叶，呼吁德意志民族统一的年轻人，多为大学生。

利希滕堡❶曾经这样问过:"想要伪装外国人,通常会自称是英国人或法国人,伪装德国人的,倒是很少见,这是因为什么呢?"

在此顺便强调一句,个性要比民族性更为重要,每个人都应该给予前者超过后者千倍的重视。不客气地说,民族性是普通大众共同具有的,其中值得颂扬的好特质并没有多少。

每个国家所展现的只不过是人类狭隘、卑劣与荒唐的一面,只是不同国家的表现方式不一样而已。

所谓民族性就是人们对这种方式的称呼。我们痛恨哪一种民族性,就会去对另一种进行称颂,直到我们也开始痛恨后者为止。没有一个民族不嘲讽其他民族,每个民族都说得有理。

我们在世界上的形象

我们在世界上的形象,即我们在别人眼中的形象是本章所探讨的主题。前文讲到,形象可以分为名誉、阶级以及名声。

在世俗人的眼中,阶级相当重要,阶级在国家机器的运作中发挥了重要的作用。

---

❶ 利希滕堡(Georg Christoph Lichtenberg,1742—1799),德国科学家、讽刺作家。

但就我们所关心的问题而言,只需三言两语便能阐述清楚阶级。阶级的价值是约定俗成的,也就是说,实际上它的价值只是模拟出来的,它的效果也只是模拟的敬仰,这一切就好像是演给大众的一出戏剧。

勋章实际上是需要通过公众意见来兑现价值的银票,而它的价值由颁发者的信用来决定。勋章可以替代金钱上的奖励,因而是一种替代品,国家颁发勋章可以节省不少财富。

此外,勋章是一个能够起卓越成效的激励制度,但要想有效激励必须以公平合理、有理有据为颁发勋章的前提。

尽管普通大众有耳朵、有眼睛,但他们的判断力比较弱,尤其是抽象判断力格外缺乏,而记忆力则更差。

有些功绩,大众根本理解不了;至于那些看在眼里且能理解的功绩,他们也会为之欢呼,但很快就会将之遗忘。

因此,要借助勋章提醒大众:"这个人与你们不一样,他是功臣!"我认为这个做法很适宜。

但是如果勋章颁发有失公正、有失理智,或者颁发过多,那么勋章就会失去应有的价值。

因此,国王颁发勋章应该同商人签银票一样,必须充满谨慎。功勋勋章上所刻的 pour le mérite(奖励功绩)略显啰唆:每一枚勋章都应是为了奖励功绩,这是显而易见的,对此无须多言。

名誉的众多分类

阐述名誉的难度要比探讨阶级大得多，所需篇幅也会更长。首先，我们要搞清楚什么是名誉。

名誉即外在的良知，良知即内在的名誉。如果我这样形容名誉的话，也许很多人会表示欣喜，但这一说法并没有给出明确清晰的解释，而只是辞藻的堆砌。因此，我的说法是：我们对别人看法的畏惧就是名誉。

这一特质经常会起到有益的作用，虽然对名誉至上的人来说，这种作用绝对不是完全与道德相符合的。

只要还没有彻底堕落的话，名誉感与羞耻感是每个人都具备的，它们和名誉一样被以下原因赋予了崇高的价值：鲁滨孙仿佛被世界遗弃了一样，与世隔绝，几乎没有什么能做的事；一个人想要有所作为的话，必须与他人结成一个共同体。

人的意识一旦开始成长，他就会对这一关系有所察觉，于是他会付出努力，他的努力是为了让别人觉得自己是合格的人类社会中的一员，是为了让别人认为自己有认真合作的能力，借此来向别人证明自己有共享人类社会各种好处的资格。

一名合格的社会成员都有被要求与被期待做的事，而且这些被要求与被期待的事是按照众人的要求与期待在所属岗位上做需要做的事。这个时候，他会认识到一点：他如何看待自身并不重要，重要的是别人如何看待他。他会为了给别人留下好感而全力以赴，去对赋予其好感的崇高价值进行追求，天生的名誉感的根源就是这两者。人们在某些情形下，也会把名誉感称作羞耻感。

一个人正是因为具有羞耻感，哪怕他清楚自己并没有做错什么，哪怕他暴露出的瑕疵与缺点并不重要，他也会因为发觉别人突然对自己没了好感而感到羞愧，换言之，涉及的仅是他自身愿意承担的责任。另外，获得或者重新建立别人对他有好感的确信，无疑最能增强他生存的勇气。

因为拥有别人的好感也就意味着拥有了一道能够抵御人生痛苦的屏障，这道屏障是由众人同心协力提供的协助与保护所铸就，坚固无比，其自身所拥有的那道屏障根本无法与之相比。

一个人与别人建立的关系可能多种多样，经由某些关系，别人能够对他产生信任，即能够使别人对其生成一定的好感，因此也就产生了各种不同的名誉。

属于你还是属于我是人与人的首要关系，然后是履行义务与职责的关系，两性关系则排在最后。公民名誉、职务名誉与性名誉分别与这三种关系一一对应，而每一种名誉还可以做具体的划分。

公民名誉是所涉范围最广的。公民名誉有个假定，那就是我们要对每个人的权利都无条件地尊重，我们永远不会使用法律不允许或者不公正的手段来为自己谋求利益。

公民名誉是人们可以和平往来的前提。倘若一个人有公然违背这个假定的行动，那么他就会失去公民名誉，哪怕他只有一次这样的行为也不例外。如果一个人犯罪，那么他便会受到惩罚。惩罚如果是公正的，他便会失去他的公民名誉。

总之，名誉的建立一直基于某个坚定的信念：道德品质是不会改变的，如果发生过坏的行为，那么再遇到相同的情况时，这种坏行为势必会再次发生。英文的性格（character）一词也表示声誉、名声、名誉，这就是很好的例证。

因此如果失去了名誉，就没有恢复的办法，除非让其失去名誉的行为是基于假象的判断或者是诽谤。为了与其相应，有关于侮辱的法律，也有关于诽谤、歪曲事实的法律。

侮辱，是单纯的辱骂，是更恶劣的诽谤，也就是没有任何理由的诽谤。希腊人有句话说得很妙："一言蔽之，辱骂即诽谤，纵然诽谤尚未发生。"

辱骂者自身的行为证明了这一点，关于另一个人的真实情况，他没有丝毫办法可以提供，不然的话，他便会说出事实，让听众以此为依据来得出结论。而他自己却不一样，即使他没有依据，却得出了结论。

他之所以会如此，是基于一个假定，即大家都会觉得人人都喜欢简洁，所以他才会只完成一半工作。公民名誉从名称上来看似乎它只在公民中适用，但其实它适用于各个阶层，哪怕是最高等级的阶层也不例外，没有任何区别，每个人都不能没有它。

公民名誉是一件很严肃的事情，人们不能麻痹大意地对待它，而应该小心谨慎。它会因为信任与信心被破坏而永远离开那个人，无论他是谁，也无论他怎么说。倘若失去了信任与信心，必然没有好的结果，从没有例外。

名誉在某种意义上具有负面的特性，名声则具有正面的特性，即名誉与名声是对立的。名誉可谓看法，但其关注的对象一般为所有主体都必须具备且不能缺少的品质，而不是专属于某个主体的特别品质。

有名誉，并不能说明主体是不同的；而有名声，则能说明主体是不同的。名誉只要不失去就好，而名声必须先去赢来。没有名誉是正面的，而没有名声则是负面的，是籍籍无名的。但不要把负面与被动看成同一种。

名誉事实上具有非常主动的特性。名誉源于主体自身，其根基是名誉的作为，而不是主体的经历，也不是别人的行为，名誉完全由我们自身决定。

在下文中，我们很快便会知道，这是对真假名誉进行区分的标志。

仅仅是诽谤就可以从外面对名誉进行攻击，我们只能对诽谤斥责驳回，并且可以扯下诽谤者的假面目，暴露其真面目，这是唯一的反击方式。

长者在其生命进程中已经有可以证明他们是否具有名誉以及他们是否实施了与其所享名誉相符合的实际行动。年轻人尊重长者，并不完全是因为他们年龄足够大，也不完全是因为他们经验足够丰富。

有些动物岁数也大，还有一些能长寿。至于经验，其实只是一种对世界比较贴切的认识。可敬老却是对年轻人的要求，几乎处处皆有。年老之人，身体衰弱，可以对其体谅宽容，但并不值得去尊重。

可我们对白发苍苍的老者生来就带有几分敬意，由此可见敬老的确是一种本能反应。皱纹与白发都是人上了年纪的标志，明明皱纹比白发更有说服力，却一点也不会带来这种敬意，人们常说"一头白发让人肃然起敬"，却从来不会说"一脸皱纹让人肃然起敬"。

在本章的开头就提到过名誉的价值是间接的，别人的看法能够决定他们如何看待我们以及如何对待我们，因此对我们来说是有价值的。我们只要与别人生活在一起或者共同生活，那么就会面临这样的状况。

身处文明环境中,社会能够保障我们的安全与财产,我们不管做什么都离不开别人,别人跟我们打交道的前提是觉得我们可信,因此对我们来说,哪怕是间接的,别人如何看待我们的价值依然很高。西塞罗也跟我持有相同意见:"克利西波斯❶和第欧根尼说过,对我们而言,好名声必有所用,不然的话,我们不屑为之动动手指,我对此深表赞同。"(《论善与恶的目的》第3卷)

不仅如此,爱尔维修❷在其杰作《论精神》(第3卷)中对这个真理进行了详细的论述,他得出了这样的结论:"我们不是为了名誉而爱名誉,而是单纯因为名誉会创造优势给我们。"

目的自然比手段具有更高的价值,因此,上文所提及的口号"名誉重于生命"委实过于夸大。

有关公民名誉,我要说的就是这些,接下来要讨论的是职务名誉。所谓职务名誉就是,别人普遍觉得,担任某个职务的人名副其实,他具备担任该职务所需的全部特质,并且不管遇到什么样的情况,他都能够及时履行他的职责。

一个在政府工作的人,他的职务越高,权力也就越大,说明他的地位越重要,影响范围也越大,他与该职务相匹配的道

---

❶ 克利西波斯(Chrysippus,前280—前207),古希腊斯多亚学派哲学家。

❷ 爱尔维修(Claude-Adrien Helvétius,1715—1771),法国哲学家。

德品质与理智能力必然会得到我们更高的评价，他也因此而享有更高的名誉。

他的头衔、勋章等都是名誉的不同表达形式，事实上别人对其恭敬顺从的行为也是名誉的一种表达方式。

在相同的情况下，通常名誉的大小由地位的高低来决定，而在此过程中，人们对地位重要性的判断力会起到媒介作用。但我们总是会赋予那些拥有并履行特殊职权的人更高的名誉，他们被我们赋予的名誉要比普通市民的高，而普通市民的名誉主要是在负面品质的基础上建立的。

还有一个对职务名誉的要求，即为同事与接替者考虑，担任职务的人要尊敬其职务：一方面，他应该及时履行其应尽职责；另一方面，如果有人对其职务进行抨击，或者在其担任这个职务的时候，对其本人进行抨击，即公然责骂他没有忠于职守，或者宣称这一职务不是为公共利益服务的，那么对此他绝不能纵容，反而应该对此人实施合法的惩罚，以此来说明他的抨击有失公正。

拥有职务名誉的人包括公务员、律师、医生、公立学校的教师等。总之都是承担与智力服务有关的职责的人，而每一位有资格承担这一职责的人都是由公共方式来宣布的。

简单来说，一切肩负公共责任之人的名誉就是职务名誉。真正的军人名誉也因此属于职务名誉。

军人名誉正是把保卫祖国视为自己的职责所在，因此不光需要决心、力量、勇气等必备的特质，而且还需要时刻准备为保卫祖国而献出生命，不会为了任何事物做出背叛的行为。

我在此所讨论的职务名誉是广义上的，其所包含的意义比通常更为宽广。从广义上来看职务名誉，就会知道这意味着职务本身要得到公民的尊敬。

我认为对性名誉的基本准则进行深入考察很有必要，并且应该对它们的根源进行追溯，以此来证明，所有的名誉最终都是基于实用而建立起来的。

性名誉按照其特性被分为女性名誉以及男性名誉，不管是对男性来说，还是就女性而言，性名誉其实是一种团队精神。

对女性来说，性关系在其生活中是极为重要的，所以与男性相比，女性名誉更为重要。

女性名誉是一般看法。对少女而言，一般看法是她从不曾献身于任何男性；对妇人来说，一般看法就是认为她只会献身给她的丈夫。

这个看法基于以下基础。女性对从男性那里获得她一切需要和渴望的东西抱有要求与期待，而男性对女性也有期待与要求，他们的主要的、直接的要求只有一个。

因此需要确立一种制度，这种制度要求男性如果想要对女性提出那个唯一的直接要求，那么就必须先同意为女性提供其全部所需，尤其是必须同意给双方结合孕育的子女提供照顾，这一制度确保了女性的福利，是全体女性福利的基础。为了确保这个制度的贯彻执行，女性必须团结为一个整体，显示出团队精神。

女性要团结成一个整体来对抗她们共同的敌人——男性，因为男性通过得之于自然的身体和思想上的优势，占了人世间很多的好处。女性要征服和俘虏他们，这样可以使她们也占有这世间的好处。

为了实现这一目标，无条件地拒绝与男性非婚同居成为女性整体的名誉准则。这样男性会为了结婚投降，女性也可以得到保障。只有严格遵守女性名誉准则，才能实现她们的目标。

因此女性整体把团队精神发扬光大，密切留意每位女性，促使每位女性严格遵守准则。所以少女与人非婚同居就是对全体女性的背叛。

如果这种行为普遍存在的话，那么全体女性福利就会被破坏。与人非婚同居的少女则会失去自己的名誉，全体女性也不会和她来往。她满身污秽，人人避之不及。

与未婚同居少女有相同命运遭遇的就是与人私通的妇人。她违背了和丈夫的合约，出现这样的事情，会迫使男性因为害怕而不敢再签下这样的合约。

妇人私通不光丢失了女性名誉，同时也丢失了公民名誉，因为她粗暴地践踏准则,并欺瞒狡诈。"失足少女"是人们宽恕的说法,但从来没有"失足妇人"这一说法。

失足少女的名誉可以因为施诱者与其结婚而得到恢复,但是私通妇人在离婚之后,她的名誉并不会因为与其私通的男人与她结婚而得到恢复。

经过我清楚的分析,我们可以得出一个结论,团队精神是女性名誉的基础,是必要的,对女性名誉大有助益,但也是从利益出发的。

对女性的整个人生来说,女性名誉极为重要,我们同意这一点,因此女性名誉被我们赋予了极大的相对价值,但它不能被我们赋予绝对价值,我们不能认为它的价值比生命及其目标还要重要,它的价值并不值得我们为之付出生命的代价。

也是这个缘故,我们不应该为卢克利斯和维尔吉乌斯那场失控、惨绝人寰、癫狂的闹剧鼓掌。[1]当我们离开剧院的时候,会因为《爱弥尼亚·加洛蒂》[2]令人愤怒的结局而感到心里发堵。

但尽管女性名誉有令人愤怒之处,我们却忍不住对《艾

---

[1] 根据传说,卢克蕾蒂娅(Lukretia)因为被罗马王子强暴而自杀,引发了推翻王权、建立共和的起义。

[2] 德国诗人、剧作家莱辛(Gotthold Ephraim Lessing, 1729—1781)以弗吉尼亚的传说为原型编写的五幕剧。

格蒙特》❶中的克拉森表示同情。把女性的名誉原则推到极端，就和其他诸多做法一样把目的忘了，一味追求手段。女性名誉具有的只是相对价值，但因为总是被过分强调，因而被赋予了绝对的价值。

事实上，我们完全可以认为它的价值仅是约定俗成的。从托马休斯❷的《论情妇》中我们可以看到，在路德宗教改革前，情妇也是有名誉的，因为在过去的时代，纳妾在每个国家几乎都是被法律允许的，那就更不用说古巴比伦的米利泰庙❸（希罗多德，《历史》第1卷）等。

婚姻这个外在形式因为有些公民关系而变得不可行，尤其是在那些天主教国家，他们是不被允许离婚的。掌权的君王有情妇，在我看来，远比与她们缔结不匹配的婚姻要符合道德。

如果正室所生的合法的继承者都夭折了，庶民妾室所生的子女可能会去争夺继承权。因此尽管可能性很小，但贵庶通婚很有可能会引发内战。

实际上，贵庶通婚，是把所有的外部条件都忽视了而缔结

---

❶《艾格蒙特》为歌德创作的剧本，主人公艾格蒙特为民族自由而抗争，最后被同胞背弃，被判死刑。他的情人克拉森想尽一切办法来救他未遂，最后在艾格蒙特死后自杀殉情。

❷ 托马休斯（Christian Thomasius，1655—1728），德国法学家、哲学家。

❸ 根据希罗多德的记载，依巴比伦的风俗，每位女性要到米利泰神庙献身给陌生男人一次。

的婚姻。这个国家还有一个人我们应该考虑到，那就是可怜的国王。

举国上下，所有的男性都可以选择自己想娶的女性，唯独国王不能，他的这个选择权已经被剥夺。他属于国家，他要服从国家的理性，他的选择要与国家的利益相符合。

但国王也是人，他也希望能满足自己的愿望。所以如果因为国王有情人而对此加以指责或者断然反对，这样做十足的市侩，丢失了感恩的心，也失了公正。当然，前提是国王的情人对国家政治没有任何影响。

国王的情人，从女性名誉的角度来看，在一定程度上，她是例外的，那些一般规则无法约束她。因为她只为一个人献身，他和她彼此相爱，但却永远不能结婚。

女性的名誉原则带来了不少牺牲品。少女非婚献身对全体女性来说是一种背叛；而非婚献身的少女，她所得到的男性的效忠没有任何宣誓，只是一种默认。而且她很快会因此而遭受痛苦。与其说她的行为卑劣，倒不如说她愚蠢。她的愚蠢要远大于卑劣。

男性名誉是与女性名誉对立的一种团队精神，受女性名誉激发而产生，它需要每个男性对此都提高警惕。

如果结婚了，男性必须小心防备，避免婚姻因为另一方不恪守约定的缘故而破裂，避免失去婚姻的可靠性。男性为了获得对女性的独占而付出自身所有，如果婚姻失去约束的话，那么便不能确保实现这种独占。

基于名誉的要求，如果妻子背叛了婚姻，男性要对此明察，而离婚是男性对此应做出的惩罚。

倘若他对此种背叛容忍姑息，那么其他男性都会羞辱他。但是，这种羞辱只是轻微的责备，远不如女性失去名誉后所受到的羞辱那么彻底。因为性关系对男人来说是次要的，需要给许多更重要的关系让位。

在近代，有两个伟大的剧作家，他们每个人都创作了两部作品，主题都与男性名誉相关，分别是莎士比亚所著的《奥赛罗》和《冬天的故事》，卡尔德隆❶所著的《医生的荣誉》和《秘耻秘报》。

在此顺便提一下，男性名誉只要求对妻子进行惩罚，没有要求对其情人进行惩罚，因为对后者进行惩罚纯属多余。这也充分说明了男性名誉源自男人的团队精神。

到目前为止，我对名誉的种类与基本准则都进行了考察。这个名誉适用于任何年代、任一民族。当然，在某些地区与某些时代，女性名誉的基本准则在表现方式上是有差异的。

---

❶ 卡尔德隆（Pedro Calderón de la Barca，1600—1681），西班牙军事家、戏剧家。

第四章 · 论人的形象

骑士名誉是一种迷信

还有一种名誉，与此完全相反，不管是希腊人还是罗马人，对此都很不理解，中国人、印度教徒与穆斯林直到现在，对此依然所知甚少。

这种不为外人所知的名誉就是骑士名誉，或者说是名誉立场。骑士名誉首先产生于中世纪信奉基督教的欧洲，但就算是在这片土地上，也只局限于社会上层及其效仿者之中，仅占人口的极小一部分。

到目前为止我们所探讨的有关名誉的所有基本原则，对骑士名誉来说都不适用，骑士名誉的基本原则与它们完全不同，甚至还有一部分是对立的。骑士名誉要求人名誉至上，而别的名誉则让人成为有名誉的人。

因此，在这里我专门对骑士名誉的各项原则进行详尽的阐述，以下原则是构成骑士名誉的守则。

1.名誉不在于别人如何看待我们的价值，而是在如何表达别人对我们价值的看法，不管其所表达的看法是否存在，更不用管其所表达的看法有无根据。

不管别人如何讨厌我们的生活方式，对我们如何蔑视，对我们如何厌恶，只要没有人表示出来，那么对我们的名誉就没有一丝一毫的损伤。与之相反的是，别人对我们拥有的品质与所作所为高度崇拜（这并非由他们的愿望所决定），但只要有一个人对我们表示公开的蔑视，哪怕这个人又蠢又坏，我们的名誉立刻就会受到损害，而且如果没有办法恢复名誉的话，我们就会永远失去名誉。

在此，别人的看法对我们的名誉并不重要，这种看法的表达才是绝对重要的。

关于这点，还有证据，即只要对方把轻蔑的言论收回，必要时进行道歉赔礼，那么便可以当作没有发生过这件事，不管他们发表轻蔑言论的依据有没有跟着一起发生改变。因为他们的看法是否改变与名誉完全无关。

只要收回了对看法的表达，那么就一切太平。所以可以这样说，他们在此的目的是去强迫别人尊重自己，而不是去赢得别人的尊重。

2.男性的名誉取决于他经历了什么，他遇到了什么，而不是取决于他做了什么。我们之前所提到的名誉，依照其基本原则，由人们自身的言行来决定；但骑士名誉则不同，是由别人的言行来决定的。

名誉悬挂于他人舌尖上，由他人掌握，对方只要摇动舌尖、翻动手掌，名誉就很可能随着他的言行而彻底被夺走。被夺走名誉的人如果想要挽回名誉的话，就必须尽快实施一些方法。

但想要挽回名誉，必然要承担其中的风险，这些风险有可能会对自己的安宁、财产、自由、健康、生命造成危害。

因此，不管一个人的品质怎样纯洁无瑕，头脑怎样优秀，言行怎样高贵公正，只要有人对其肆意辱骂，那么他随时都有可能失去名誉。

这个肆意辱骂的人其实根本不配被他辱骂的那个优秀人物放在眼里，他虽不曾对名誉准则进行破坏，但却是个毫无可取之处的无赖、愚蠢至极的傻瓜、不务正业的流氓、贪得无厌的放债人。

通常正是这类人喜欢对杰出人物肆意谩骂，塞涅卡曾犀利地指出："越是受到嘲弄鄙视，越是喜欢搬弄是非。"（《论智者的镇定》第11章）我们方才提及的那些优秀人士最容易刺激到这类人。截然不同就会彼此憎恶，他们会因为看到出类拔萃的人而暗自生气。

就如歌德所说的那般：

> 他若把你当成朋友，
> 对他而言，你的为人是无言的责备；
> 如今他视你为敌人，
> 那又何必抱怨？

——《西东诗集》

我们接下来要说的是，拜名誉原则所赐，刚刚我所提及的那些人能够将自己与优秀人士放在同一水平上，对此他们应该好好感谢名誉原则。

如果没有名誉原则的话，不管在哪一方面，他们没有任何方面可以企及优秀人士。只要有一个这样的人在辱骂，或者宣称对方在某些地方是龌龊卑鄙的。这些辱骂性的话语，如果不立刻拿鲜血来清洗的话，就会成为真实的、有据可考的、客观的评价，会一直被人看到，也会成为在法律上有效力的判决，甚至这种判决会永远真实有效。

在最看重名誉之人的眼里，那些被辱骂者，他们的样子与辱骂者所说的一般无二，就算辱骂者是人类中最卑劣低微的一个，也无法改变他们的看法。因为被辱骂者任由辱骂者为所欲为。那些最看重名誉的人因此完全看不起被辱骂者，对他唯恐避之不及，就好像他浑身上下满是污垢一般。

比如，他去参加一个聚会，但却被公然拒绝入场，而他本来是有入场资格的。我相信，如果对此种聪明的基本观点溯源的话，可以一直追踪到中世纪（参考C.G.冯·韦斯特一八四五年发表的《德国刑法、德国历史文集》）。

在十五世纪，在刑事审判的过程中，被告必须对自己的无罪进行证明，而不是原告必须对被告有罪进行证明。而被告要证明自身的清白无罪可以通过宣誓的方式，于是就需要所谓的誓言助手们,而助手们要做的是对确信被告不可能做伪证发表誓言。倘若被告找不到誓言助手,或者原告对被告及其誓言助手们不认同,那么就要进行决斗。"被污蔑"的被告在此时必须对自己的清白无辜进行证明。

我们在此找到了"被污蔑"这一概念的源头,也发现了如今那些"名誉至上之人"所做的事情发生的整个过程,除了发誓,它是唯一被省略的。由此分析便可得知,"名誉至上之人"如果被人指控撒谎,那他们必然满腔愤怒,起誓要对此进行报复。

说谎本是稀松平常的事,这些人对此的反应非常古怪。

英国人尤为严重,对说谎的反应是盲目的、根深蒂固的。(事实上,一个人如果被指控说谎的话,就会受到死亡的威胁,这个人一生必须从未说过谎话。)

中世纪,在刑事审判时,如果被告对原告的指控只有一句简洁的"你说谎",那么这无疑是宣告要立刻决斗以证明自己的清白。

按照骑士名誉守则的要求,倘若被人指控说谎,那么他必须马上拿起武器来应对。有关辱骂,我要说的到此为止。但是与辱骂相比,还有比它更让人感到恐怖和愤怒的存在。

我在骑士名誉守则中提及了它,因此我必须恳请那些"名誉至上之人"的谅解。我很清楚,哪怕只是想到它,都会令他们汗毛战栗、瑟瑟发抖,因为它丧心病狂,是比死亡和诅咒还要让人觉得恐怖的存在。

这个让人连说起都会心生畏惧的东西是,人们打别人一拳,或者扇他一巴掌。这一拳一掌会彻底杀死被打者的名誉。

受伤流血可以挽回名誉受到的其他各种伤害,但是如果想要对名誉所受到的这种伤害进行彻底修复的话,那么必然只能以生命为代价。

3.名誉与一个人自身为何没有任何关系,与其道德品性是不是会改变没有任何关系,与所有关于此类的学术研究问题没有任何关系。

名誉一旦有损或者失去,那么就必须立即使用决斗这个万能的法宝,只有这样才能立刻使名誉得到完全的、彻底的恢复。

如果对名誉带来伤害的人与恪守骑士名誉守则的阶层没有任何关系,或者这个人曾经对骑士名誉守则有过违背的行为,而名誉受损的一方又佩带着武器,那么应当立刻攻击他,即使没有当场立刻这么做,也必须得在一小时内有所行动,这样的做法更靠谱也更为见效,能使名誉立刻恢复。

假如对方只是用语言来给名誉带来损害,名誉受损方也可以这么做;假如对方以行动来损害名誉,那么名誉受损方更应该这么做。

假如害怕这样的行为会带来麻烦,因此并不想实施这一环节,或者单纯只是因为不确定损害名誉的人是否奉行名誉守则的话,那么可以顺势而为,采用以牙还牙的方法来占尽上风。

换句话说,如果对手蛮横,可以比他更加蛮横,觉得辱骂不解气的话,还可以动用拳脚,对名誉的挽救举动因此而渐渐走向极端。

可以拿棍棒来对付耳光,也可以拿长鞭来对付棍棒,也有人提议拿吐口水来对付长鞭,据说吐口水是效果非常好的手段。等到这些手段都不能再起到作用时,才会果断地采用会见血的行动。事实上,这样顺势而为是以下面这条准则为依据的。

4.辱骂别人是荣耀,被人辱骂则是耻辱。比如,我的对手拥有正义、理性、真理,可这一切因为我的辱骂而改变,对手的名誉暂时失去,名誉与正义暂时站到了我这边,直到对手名誉恢复为止,而他恢复名誉依靠的是剑与枪,并不是凭借理性与正义。

从名誉的角度来看,任何其他品质都能被蛮横取代,甚至被蛮横彻底压倒,占理的反倒总是最蛮横的那一方:"何须多言?"一个人只要他足够蛮横,那么不管他有多么卑鄙、愚蠢、粗鲁,都能够被洗白,能够立刻变为合理的、正当的。

我们在对话或者讨论问题时,如果有人比我们拥有更精准的专业知识,比我们更热爱真理,比我们更聪明,比我们更有判断力,比我们在心智上更有优势,我们被这个人挤到角落里，越发暴露出我们的贫乏，此时我们只要表现蛮横，对这个人开始辱骂，那么这个人的优越与我们的贫乏马上会互抵，哪怕我们的贫乏正是因为对方的优越而被暴露出来的，而此时处于优越一方的却是我们。

因为蛮横能够打败所有的争论，掩盖所有的精神。此时对手如果被我们拖下水，用蛮横来对付蛮横，那我们就开始了一场高尚的竞争，在这场竞争中，占上风的仍然是我们。

对手如果没有被我们拉下水，那胜利就属于我们，名誉站在我们这边：真理、敏锐、智力、知识都被"神圣的"蛮横赶下台，都必须向我们投降。因此，如果有人表现出的智力更高，或者如果有人发出不同的声音，那么"名誉至上之人"立刻准备上马迎战。

如果在辩论中，他们想不出反驳论证来，就会马上表现出蛮横，蛮横能够充当反驳论证，而且也更好找，之后他们便一直取得胜利。

到这里，我们便会明白，有的人认为基于名誉原则，在社会上才会要求说话声调要优雅，其中多少还是有道理的。此条准则建立在下面的这条准则之上，它才是所有骑士守则的真正灵魂与基本准则。

5.不管人与人之间产生什么分歧，对名誉来说，体力，也就是兽性才是他们能采用的最正义的裁判，其实蛮横就是兽性的诉求。蛮横宣布道德正义之战或者精神之战没有效果,那么就得用体力之战来代替。

在富兰克林看来,人就是能够制造工具的动物。在体力之战中,人们在战斗时会使用其特有的武器,来得出没有争议的裁决。

拳头即正义,这是人人皆知的一条基本准则。"拳头即正义"这一说法与"太聪明"很像,两者都含有讽刺意义,而骑士的名誉应该被称为"拳头名誉"。

6.我们在之前已经看到,有关属于你还是属于我的事,有关义务的承担与许下的承诺,公民荣誉对此郑重其事,然而这些方面却完全不受检验标准的拘束,显得高高在上、尊贵无比。

换言之,他们只信奉一句话,也就是所有开头为"我以名誉来担保"的话。我们由此可以推出一个假设——所有别的话都可以食言。以个人名誉所发的誓言,哪怕违背了,也还有个万能的手段可以对名誉进行挽救。这个手段就是:哪个人宣称我们发过誓,我们就同哪个人进行决斗。

此外还有一种必须偿还的"名誉债",即赌债。其他债务对骑士名誉没有丝毫损害。

没有偏见的人,一下子就能看出来,这套荒诞、可笑、野蛮的名誉守则,其根源并不是人类的本性,它在人与人之间的关系的看法上是病态的。它仅在欧洲中世小范围内流行,只有贵族阶级、军人以及他们的崇拜者才会对此身体力行。

从古至今，不管是罗马人，还是希腊人，抑或是亚洲人，他们都从没听说过这种名誉，也根本不知道这种名誉的基本原则。除了本章前面所讲述的名誉以外，他们完全不知道其他的名誉。

对他们来说，一个人的所作所为才是最重要的，而不是那些喜欢挑拨离间的人对别人的看法。在他们看来，一个人的言行能败坏的只可能是其自身的名誉，而永远不能毁坏别人的名誉。

对他们而言，被人掌掴就只是被掌掴而已，马和驴都有可能给人带来比这更大的伤害。被掌掴的人有时候会为此而愤怒，也可能会立刻对此进行报复。

不管怎么说，被掌掴完全不能与名誉扯上关系，我们并不会拿个账本将所受到的掌掴以及所听到的辱骂一一记录下来，不管是有待索取的还是已经赢回来的。

这些民族其实与欧洲的各个民族一样勇敢，也一样对牺牲生命无所畏惧。可以说罗马人与希腊人中有很多英雄，但他们对骑士名誉的立场则一无所知。

在他们看来，决斗与贵族无关，那些被抛弃的奴隶、罪犯以及出卖自身的角斗士才会进行决斗，而他们的决斗也叫角斗，是为了娱乐大众，不是彼此拼个你死我活，就是同野兽搏命。

不管是角斗还是决斗,这二者都需要牺牲品,但他们需要牺牲品的目的不同,前者是为了娱乐大众,后者是因为普遍存在的偏见。此外,这两者的牺牲品也不一样,前者的牺牲品是囚徒、罪犯、奴隶,而后者的牺牲品却是贵族以及自由人。

古人其实对此全然陌生,有很多从古流传至今的故事可以证明这一点。比如,马略❶收到来自条顿酋长的一个决斗挑战,这位英雄的回复是:"倘若他不想活了,那他不如去上吊。"但是他同意派一名已经退役的角斗士来做酋长的对手(弗兰海姆补充的李维《罗马史》第68卷第12章)。

在普鲁塔克❷所著的《特米斯托克力》中,我们可以看到,海军司令欧力比亚德斯和特米斯托克力有了争执,前者并没有因为后者拿起棍子要打他而拔出剑来,他反而对后者说:"要打随意,但你要听我说。"

我们并没有看到这类记载:雅典将军自己宣称,再不愿同特米斯托克力共事。如果是这样,那得让那些"名誉至上"的读者多么愤怒!

法国一位近代作家说得很对:"倘若有人形容德摩斯梯尼❸

---

❶ 马略(Gaius Marius,前157—前86),古罗马军事家、政治家。

❷ 普鲁塔克(Plutarch,约46—120),古罗马时代的希腊作家,著有《希腊罗马名人比较列传》。

❸ 德摩斯梯尼(Demosthenes,前384—前322),古希腊演说家、政治家。

是名誉至上之人,众人但笑不语……西塞罗同样也不是什么名誉至上的人。"(杜朗,《文学晚会》1828年卢汶版第2卷)

此外,柏拉图也提到了aikia,也就是虐待。(详见《法律篇》第6卷)

从柏拉图的论述中,我们便能知道古人对骑士名誉的观点以及与其有关的事情完全不知道。

苏格拉底时常会受到别人的攻击,因为他总是与人争论,他对遭遇这些反应很平静。有一回,有人看到苏格拉底被人踢了一脚,那人很吃惊,而苏格拉底则说道:"倘若一头驴踢了我,难道我还能把驴告上法庭吗?"(第欧根尼·拉尔修,《名哲言行录》第2卷第21节)

还有一次,有人问苏格拉底:"那人不是在骂你吗?"苏格拉底回答:"不是,他所说的与我没有关系。"

斯托堡(盖斯福德,《文荟》第1卷)保留了一段穆梭尼乌斯[1]的一大段话。我们从这段话中可以看出古代人是怎样应对侮辱的,他们只知道通过法律方式来获得赔偿,除此以外,他们再也不知道别的任何形式的赔偿。

另外,这种赔偿还常常受到智者的戏弄。如果被打耳光,古人们只知道从法律上索取赔偿,这点我们能清楚地从柏拉图

---

[1] 穆梭尼乌斯(Gaius Musonius Rufus,大约生活于1世纪),犬儒派哲学家。

所著《高尔吉亚篇》中看到，同时，还可以看到苏格拉底是怎样看待这个问题的。

格利乌斯❶曾记载了这样一个故事（《安提哥之夜》第20章），有个名字叫弗拉提乌斯的人，喜欢恶作剧，要是在路上碰见罗马公民，他会没有任何理由地给人一记耳光，怕闹得无法收场，他身后便跟着一个背着一袋子铜币的奴隶，他打了人之后，奴隶会马上拿出二十五枚铜币来给挨打的人，用来支付法律规定的疼痛赔偿金。

犬儒派哲学家克拉特斯❷曾挨了音乐家尼克德罗姆重重一记耳光，被打得鼻青脸肿，克拉特斯在额头上贴了一块小木片，上面写着"尼克德罗姆所为"。

那位音乐家因此而狼狈不堪，要知道克拉特斯非常有名，是被整个雅典视为神明的人，却被他如此野蛮对待（阿普列尤斯❸《演说集》，参阅《名哲言行录》第6卷）。我们还有一封信，是锡诺帕的第欧根尼❹写给米利西普斯的，信上说他被一

---

❶ 格利乌斯（Aulus Gellius，大约生活于1世纪），古罗马作家。

❷ 克拉特斯（Krates，前365—前285），犬儒派哲学家。

❸ 阿普列尤斯（Lucius Apuleius，约123—约180），古罗马作家、哲学家。

❹ 第欧根尼（Diogenes of sinope，约前404—前323），古希腊犬儒学派哲学家。

群喝醉酒的雅典人打了，但他对此完全没有放在心上（卡索邦❶对第欧根尼·拉尔修《名哲言行录》的注释，第6卷）。

塞涅卡《永恒的智慧》从第10章开始到结尾，对侮辱进行了详细的讨论，建议智者对它不必理会。在第14章中，他说："倘若被人殴打，智者该如何应对？智者应如卡托被人打了耳光之后那般对发生过的侮辱予以否认，不用报复，不用愤怒，甚至也不用谅解。"

你们嚷道："对，那是智者！"可是，难道你们就愚蠢吗？

我们由此便会知道，古人之所以对骑士名誉原则全然不知，是因为他们所持有的对待事物的观点，一直是完整的、不偏不倚的、自然而然的，他们从不听信这些荒诞可怕的言论。

所以他们对被打脸的看法是真实的，不过只是一记耳光，只是一个微不足道的身体上的伤害，但是到了近代，被打却成了悲剧主题，会带来灾难，比如高乃依❷的《熙德》。

《情景的力量》是一部近代德国公民悲剧，主题就是被打脸，（如果改名为《偏见的力量》会更为贴切）。法国国民议会上响起的耳光声回响在整个欧洲。名誉至上的人必然会对古人回忆录与那些详尽的例子充满厌恶，为此，我推荐他们去拜

---

❶ 卡索邦（Isaac Casaubon，1559—1614），法国语言学家，古典文献专家。

❷ 高乃依（Pierre Corneille，1606—1684），法国剧作家。

读狄德罗[1]的代表作《宿命论者雅克和他的主人》。该书讲述了雅克的故事,是对近代骑士名誉精神的反省思考。名誉至上的人读后会从中受到启发,也会倍感欢喜。

以上阐述完全能够证明,人类本性绝对不可能是骑士名誉原则的根源。骑士名誉原则是人为制造的,想要找到它的根源并不难。

很显然,在它生成的那个时代,人们不怎么喜欢动用头脑,而更热衷于挥舞拳头,因为理性被教士套上了枷锁。

换言之,它生成于受人赞颂的中世纪,在中世纪的骑士制度中产生。中世纪时,人们不仅需要上帝来照顾,还需要上帝来做裁决。因此,那些法律上的疑难杂症,要么诉诸酷刑解决,要么诉诸上帝裁决。几乎无一例外,决斗成为裁决的最终方式。

决斗并没有局限范围,骑士与骑士可以决斗,公民之间也可以决斗,正如莎士比亚在《亨利六世》中展示的那般。除此以外,有关每一位骑士的裁决,都可以经由决斗来发起诉讼,决斗是由上帝来做裁决,具有更高的权威性。这样一来,处于法官席位的是体力与敏捷,不是理性,而是兽性。

对正义与非正义进行区分的标准是一个人遇到了什么,而不是一个人做了什么,这与当时盛行的骑士名誉原则完全相

---

[1] 狄德罗(Denis Diderot, 1713—1784),法国哲学家、作家。

符。倘若还有谁对骑士制度的起源有疑问，那么他可以在梅灵根的《决斗史》中找到答案。

我们都明白，到目前为止，仍然奉行骑士名誉原则的那些人，他们的思想与教养都不是最优秀的。

如果有两个人因为争执而引发决斗，那么决斗的结果会被他们当中的一部分人视为上帝对那个争执所做出的裁决，并且对此深信不疑。这个看法显然是由传统流传下来的观点形成的。

我们在此姑且不谈骑士名誉原则的起源，单说它的取向，其取向首先是用武力使别人屈服，强迫别人对其表示尊重。

这种尊重，要么不必，要么太难。而此种做法，就好比一个人希望他的房间温暖适宜，于是他用手把温度计的水银球捂热来让温度计上的温度升高。

我们仔细观察之后，便会发现，问题的关键在于：和平交往是公民荣誉所侧重的，拥有公民荣誉代表着别人会给予我们充足的信任，因为有公民荣誉的人会对每个人的权利无条件地尊重；而处于相同的情况下，如果我们有骑士名誉，却会令人畏惧，因为骑士名誉只会让我们为了捍卫自己的权利而不择手段。

对骑士名誉的基本原则来说，令人畏惧远比受人信任更为重要。它并不是以人类的正义作为基础。如果我们生活在原始社会，那么我们每个人都要誓死捍卫自己的权利，好好保护自己，这条原则也就没什么不对的了。

但是，我们生活在文明社会中，这一原则基本上没有丝毫可用之处，我们的人身安全与财产由国家来保护，也就是说，在拳头即正义的时代所留下的堡垒与瞭望台早已没有用武之地，它们的周边是农田，是乡间喧闹的小路，甚至还有铁路，它们早已被时代遗弃。

信奉骑士名誉原则的人处理的只是与此相应的那些轻微的人身损伤。国家对那些造成人身损伤的人，处理方式要么惩罚过于轻微，要么根本没有任何惩罚，因为"法律不管琐事"。

这些行为在一定程度上纯是挑衅，而且这些损伤所带来的疼痛也并不要紧。但骑士名誉过于抬高人的价值，将其看得过于神圣，与人类本性、品性以及命运完全不匹配。

所以，从骑士名誉来看，国家对轻微伤害做出的惩罚远远不够，人们应当自己承担起惩罚的责任，施加伤害的人受到的惩罚可能是失去肢体乃至生命。

之所以会这样做，显然是因为无所顾忌地张狂与傲慢，他们认为自身完美，不允许自身受到侵犯，把人本来是什么忘得一干二净。

但是不管是谁，如果用武力来行使这种骑士名誉的话，那么无疑是在宣告："打我者死，骂我者亡。"只这一点，就应该

把这样的人赶出国门。❶

因此人们想尽法子来伪装，只为了掩饰这份自大狂妄。按照他们的说法，无所畏惧的两个人，彼此都不知道何为退让，因为一些琐事，彼此谩骂，到最后演变成以命相搏，与其这样，不如直接诉诸武力，省略中间的步骤，这样还能保留几分体面。

为了使决斗的程序具体明确，有人制定了一套生硬、严格的制度，这套制度有规则、有律法，是世界上最认真的胡闹，是一座只有真正愚蠢的人才能进入的名誉殿堂。然而，有关骑士名誉的基本原则，其自身本就是虚假的。

无畏的两个人，在面对不怎么重要的小事（大事会交给法庭裁决）时，让步的总是聪明的那个。别人的看法只是看法，完全可以不在乎。那些不信奉骑士名誉原则的民族，或者那些并不信奉它的各个不同的社会阶层，他们会顺其自然地解决

---

❶ 傲慢与愚蠢孕育出了骑士名誉。（卡尔德隆在《永恒的原则》中尖锐地表达了与此相反的真理："它是亚当的遗产。"）需要注意的是，只会在一种宗教的信徒中能看到这种极端的傲慢。而这种宗教要求它的信徒必须极度谦卑。不管是在基督教之前的时代，还是在非基督教的其他地区，人们都不知道这个原则。但我们不应把这个原则归于宗教的原因，封建制度才是真正的根源。在封建制度下，每一个贵族都视自身为小君主，认为自身就是法律，认为自身神圣不可侵犯，因此，对他们来说，只要是对他们自身的攻击、打击、辱骂，都是不可饶恕的罪行。起初，名誉原则与决斗只在贵族中盛行，然后扩散到军官中，再往后，为了不被轻视，其他地位较高的阶层也纷纷效仿，尽管不曾普及，但广泛传播。尽管声称决斗是上帝给出的裁决，但上帝裁决的根据并不是名誉原则，而是对名誉原则的结论与应用，是对人类法官的不认可，因此向神圣的法官提出诉求。不过，上帝裁决本身并不是基督教所特有的，在印度教中也有，在古代一度盛行，至今仍然有据可考。——叔本华注

第四章·论人的形象

争执。

这些人连斗殴打架都很少见，更不用提杀人行凶了。发生在他们当中的杀人事件，比发生在那些信奉骑士名誉原则的人中的要少一百倍。要知道，一千人里只有一个人才会信奉骑士名誉原则。

由此我们便可以知道骑士名誉原则是何等荒谬。但也有人认为，骑士名誉原则是社会文明及人们举止优雅、言行礼貌的根基，而决斗是一道隔绝残忍与粗野的屏障。

但是，罗马、雅典与科林斯都是文明社会，人们有着优雅的言行，但这里并没有什么骑士名誉。现在上流社会更为看重勇敢这一特质，会把它凌驾于其他个人特质之上，而实际上勇敢并没有那么高贵，它只是一种地位很低的美德，每个下级军官都应具备这一品质。

如果只论勇敢，那动物在这一点上要比我们更厉害，因此我们经常会说这样的话："像一只狮子那样勇敢。"

骑士名誉原则与某些人声明的恰恰相反，常常被当作避风港，那些冒失粗鲁的小事以及欺诈卑劣的大事，都在此躲藏；那些令人痛恨反感的粗鄙恶习，人们选择默默忍受，因为如果对此进行斥责的话，那么很可能会被对方拧断脖子，没有人愿意去冒这个风险。

同时我们也会看到，那些最盛行决斗的民族，哪怕是最野蛮、最凶狠的民族,他们却没有真正的勇气去面对政治事务与经济问题。倘若好奇那里的人私底下的交往,去问问那些在那里生活过的人便会知道了。不过,该民族的社会教育以及城市状况可是有名的反面典型。

因此,不管是什么样的借口与托词,都不管用。倒是下面的论点更有道理:一只狗,遭怒吼,就回以怒吼;遇温存,就回以温存。

一个人遭到敌对,就回以敌对;受到蔑视,或者被人憎恶,那么他便会激动、会愤怒。西塞罗曾说:"每一声诽谤里都裹着一根尖锐的刺,再聪明机灵的人对此也无法忍受。"

在世界各地,没有人能够对掌掴或者辱骂平静接受。但基于人类本性,人们进行报复时会采用适当的方式,不会过于极端,并不会只是因为被人指责蠢笨、胆小、说谎就去杀人。

"受人一掌,当还以一刀",古代德国人所说的基本准则,实际上指的是令人愤慨的骑士迷信。遭受侮辱并且对此做出回应或者予以报复,与所谓的名誉、义务没有任何关系,实际上只是源于愤怒,可我们却因为骑士名誉原则而觉得与名誉、义务有关。

指控带来的伤害有多大,显然是由指控与事实相符合的程度来决定的。有些暗示极轻,但却有理有据,其带来的伤害比捕风捉影的最重指控带来的伤害要深得多。

因此，如果有人确定自身遭到的某种指控毫无道理，那么应该对此示以轻蔑。但是，骑士名誉原则相反，要求这个人必须对此反应敏感，哪怕他对此全然无感，骑士名誉原则也要求他对这个并没有让他受到伤害的污蔑进行凶狠的报复。

如果一个人对自身的价值没有信心，那么他就会迫不及待地抹杀所听到的有关挑衅他价值的言论，以免影响越来越大。

只有真正自信的人在面对诬陷的时候，才会产生真实的淡定；如果没有真正的自信，那么自然也没有所谓的真实的淡定。如果缺少真实的淡定，那么教养与理智就会登场，让我们用平静的外表来掩盖愤怒的内心。

我们只要从骑士名誉原则的迷信中挣脱出来，就不会再有人觉得名誉能被谩骂轻松夺走，也能凭借谩骂而轻松恢复。这样一来，那些蛮横、粗鲁与不公正再也不会被我们迫不及待地满足（也就是为何起争执），它们再也没办法立刻化身为合理、正当的了。

人们因此而明白，在谩骂侮辱与恶语相向中输了的那一方实际上才是赢家。诚如蒙蒂❶所言，谩骂就好比教堂的队列，最终还是会回到起点，从无例外。

等到了那时，如果想赢得争执，可不会像现在这样一味蛮

---

❶ 蒙蒂（Vincenzo Monti，1754—1828），意大利诗人，剧作家。

横就能实现。愚蠢与浅薄怨恨理智与见识，只要后者一露面，前者便会有所察觉，因此理智与见识总是小心翼翼的，避免刺激愚蠢与浅薄。

这样，理智与见识才能更有话语权，精神的优越性在社会上自然可以享有应得的优先权，目前，优越的体力与骑兵的勇敢占据优先地位，尽管这种优先是不为人所知的。这样那些出类拔萃的人想要远离社会也就少了一个理由。

社会因为这种变化而走向真正的文明，在这样的文明社会里，人人举止优雅、言行得体，科林斯、罗马、雅典曾经就是这样的。

倘若有人想了解一下这样良好的社会的话，那么我建议他读一读色诺芬的《宴饮篇》。

如果为骑士名誉原则进行辩护的话，那最后我们无疑会这样说："上帝！岂不是人人皆可掌掴别人？"

我对此的回答很简短：被人掌掴在百分之九十九对这一原则不信奉的社会中，确实很常见，但并不会把人给打死。但在信奉这一原则的社会中，却常常会导致人死亡。我愿意对这一点进行深入讨论。

在我们的社会中，被掌掴这种事在有些人眼里看来极其可怕。我曾多次试图从人的动物本性或者理性的本性中找出一个合理的、能站得住脚的依据，不是只靠言辞，而是有清晰的概念作为依据，但我一直没有成功。

被掌掴只是给身体上带来轻微的伤痛，人人都有可能会把这种痛苦加诸别人身上。但是，一个人能打到别人，不过是因为前者比后者更强壮或更敏捷而已，也是因为后者不曾提防。

我也就只分析出这一点来，除此以外，别无所获。一位骑士如果只挨了人一巴掌，他会因此而感到痛不欲生，然而如果是被他的马踢了一脚，哪怕马踢的力量比那一巴掌要重十倍，哪怕他感受到了剧烈的疼痛，走路都一瘸一拐的，但他还是会坚持认为这一踢无关紧要。

我由此便猜想人的手一定是问题所在。但是，在战斗中被刀剑刺伤，我们的骑士却毫不在意，认为不过是不足挂齿的小事而已。我听说被棍棒打远比被锋利的刀剑刺中更具有侮辱性。

因此，在之前，对战士、官员、学生，可以使用锋利的武器，但是绝不能使用棍棒。被骑士用利器刺中，如果因此而能够得到骑士的封号，那可是无上的荣耀。

就这样，我对此在伦理学上与心理学上的分析就结束了，从中只得出一个结论：骑士名誉说到底其实只是一种迷信，古老而又根深蒂固。它只说明了一点，任何东西都能够说服人类。

如果看待人类的本性时，我们能够摒弃偏见，便会注意到：那些有角的动物，会用角来打斗，而人也是动物，也是会打架斗殴的，斗殴对人类来说就如同动物们相互撕咬一般，是很自然的事情。

我们会因为听说人咬人这样少见的事而感到愤怒，但是对人来说，很容易发生拳脚相向的事情，这是再自然不过的了。有教养的人为了远离斗殴会做好自我控制。

但是如果一个民族，哪怕这个民族只有一个阶层把被人殴打看作巨大的灾难，被这样的想法所驱使，必定要通过杀人以及谋杀来对此进行报复，那么这个民族无疑是残忍的。

世上真实的苦难本已够多，已无须再用想象的苦难来使其变本加厉，而且真实的苦难会被想象的苦难带到我们身边，但遗憾的是，那愚昧可恶的迷信正在这么做。

因此，对那些热衷于在民间与军队中推动废除体罚的政府部门与立法机关，我必须提出不同的意见。这些相关部门认为，如果取消体罚，从保护人性的角度来看很有利，但事实刚好相反，如果把体罚取消的话，反而会使那些违背自然、有百害无一利的看法更为坚定，已经有很多人成了这种疯狂看法的牺牲品。

对那些不轨行为，除极严重的外，最先发生的、最自然的惩罚方式就是掌掴。对那些听不懂道理的人，掌掴自然能让他们听懂。

有些人一无所有，他们犯了罪，既没有能力负担罚款，剥夺他们的人身自由，又会给我们带来麻烦，那么，对这些犯事的人进行适当体罚，显然会更方便，也更自然。

那些反对体罚的人，总是从"人之价值"的角度来看问题，实属陈词滥调，分明没有依据清晰的概念，反而从迷信那里去找依据。前不久，不少国家的军队用关禁闭的方式来代替体罚。

但是在禁闭室的地板上却布满了三角木块，那些三角木块尖锐的那头朝上，钉满在地板上，而这其实与体罚一样，目的都是给受罚者带来身体上的痛苦，只是保住了尊严与名誉。

对上述迷信行为的支持，实际上就是对骑士名誉原则的支持，从而决斗也得到了支持，然而又有一部分人摆出一副想要通过立法来废除决斗的姿态。❶

拳头即正义始于中世纪，于十九世纪盛行，到如今还有这一观念的残余。对公众来说，这分明是丑事，所以是时候唾弃它了！如今已禁止了斗鸡、斗狗（至少在英国是会受到惩罚

---

❶ 表面上一些政府在积极禁止决斗，然而此事看似容易，可政府似乎做不到，尤其是在大学中。我认为原因如下：对于军官与公务员付出的服务，国家没有能力支付足额的金钱，因此国家拿名誉来支付他们薪水的另一半，而名誉的表现则有制服、头衔与勋章。为了保持对服务的理念型报酬的高汇率，国家必须大力培养名誉感，并且会在必要时过分强调名誉感。但仅凭公民荣誉达不到这个目的，因为公民荣誉是所有人共享的。国家因此求助于骑士名誉，并且对其予以保护。英国的军人与公务员的薪水，比欧洲大陆其他国家要高很多，这是因为政府不需要再使用骑士名誉对他们进行补偿，所以决斗在这个国家，特别是近二十年来几乎全部被禁绝，而且决斗被视为愚蠢可笑。反决斗协会为此做出了很大贡献，它的会员中不乏海陆军的将军以及诸多勋爵。——叔本华注

的）。尽管如此，可竟然还有人会被迫进行殊死搏斗，这都是对骑士名誉原则深信不疑的代表与代理人的安排，显得荒谬可笑。因为某个卑劣的阴谋诡计，人们不得不像角斗士那样以命相搏，而这是由那些迷信骑士名誉原则的代表与代理人强加给他们的义务。

我在此建议德语的 duell（决斗）——该词可能不是源自拉丁语的 duellum，而是源自西班牙语的 duelo，其意是遭受痛苦、抱怨——换成"斗骑士"（ritterhetze）。在做这种蠢事的时候，人们那种刻板的教条主义与一本正经的做派委实令人发笑。

但令人愤怒的是居然有国中国据此而建，这个国中国信奉荒谬的骑士名誉原则，以及其可笑的守则，拳头即正义是这个国中国唯一承认的法律，国内社会各阶层要无条件地服从它的暴君统治。

这个国中国有一个"神圣的"宗教裁判庭，常年开设，又极为神秘，随便哪个人都可以为了一件微不足道的小事就把别人传唤到这里，来接受有关他们的生死审判。

这个裁判庭俨然成了那些恶徒们的老巢，不管他们是多么十恶不赦、卑鄙下流，只要他们所属的社会阶层信奉骑士名誉原则，那么这些恶徒就可以去威胁那些品德高尚之人，甚至会去毁灭他们。

那些高尚杰出的人正是因为自身的优秀高尚才会被那些下流无耻之徒嫉恨。今天,正义已经通过警察与法律得到了确立,恶徒们也不再那么嚣张,不会个个在路上呼喊:"要钱,还是要命?"

倘若我们最终能做到这点的话,那些优秀之人胸口上压着的重石就能被搬走。对优秀的人来说,那块重石就是只要有那么一个人一时起意而蛮横、恶毒、愚蠢地对待他,那么这个优秀之人的身体就可能受到伤害,甚至会失去性命。

两个涉世未深的年轻人,因为一时冲动发生争执,最后付出的代价却是鲜血、健康乃至生命,这种骇人听闻的事情未免太不合理。

有些人的骑士名誉受到损害,但因为施害者地位过高或过低,或者品行不匹配,受害者的名誉得不到恢复,于是不得不在绝望中自杀,结束他那可怜可笑又可悲的一生。

由此可见,那个国中国的残暴统治是多么骇人,迷信的力量是多么巨大。荒谬虚假之物,终会因为鼎盛之时出现的矛盾和不合理而暴露。

骑士名誉就是这样的,荒谬虚假最终因为有违自然常理而漏洞百出:不允许军官进行决斗,可是军官受到挑战时拒绝迎战的话,就会被撤职。

我既已实话实说,那请原谅我继续口无遮拦。有两种开枪杀敌的方法：一是双方在光天化日之下拿着相同的武器来以死相搏，一是在暗处埋伏进行偷袭。有的人会觉得这两者有巨大的差别。

摒弃偏见，我们仔细观察便会发现，之所以有人会这么看，是因为他依据的就是"拳头即正义"，是唯一被国中国承认的正义，被过度抬高，被视为上帝的判决。我会这样说是有理由的，前一种做法，只能证明一个人更为敏捷、强壮。

强者的正义的确是一种正义，这是有人想借助公开决斗来追寻某种正义的一个前提。可是，我因为对手实力不敌而有可能会杀死他，但对手实力不敌，并不能作为我杀死他的正当理由。

我的动机，即我想要他的命，才是唯一能够给我杀人提供道德论证的基础。现在我们假设的确存在这一动机，也足够成为杀人的正当理由，那么让我和对手当中更擅长用剑或者更擅长射击的一方来决定杀人是否具有正当性的话，那就很不合理了。我取他性命的方式，无论是从后面袭击，还是从正面攻击，根本一点儿也不重要。

因为强壮的人与聪明的人相比，前者的正义未必比后者的更有分量，而后者的正义被用到了狡诈的谋杀上，所以，拳头正义与头脑正义在这里分量是一样的。

而决斗的时候，不管是拳头正义还是头脑正义都是有效的，因为剑术的每个招式都源自头脑的谋略。我若是觉得可以要一个人的命，并且我的想法合乎道德正当性，要是我还打算让他选择比我更擅长的剑术或者射击来决定有没有正当性的话，那我未免太愚蠢了。我如果这么做，不但早被他羞辱，甚至还会把性命丢了。

卢梭认为，想要报复羞辱，应该通过谋杀，而不是凭借决斗。在《爱弥儿》第4卷第21节的评论中，卢梭对这一想法做了小心隐晦的表达。卢梭在这本书里还深深地迷信骑士名誉，他认为倘若被人指控说谎，那么就可以成为正当的谋杀理由。

但他必然明白，人人都说过无数谎话，卢梭自己就是一个说谎的惯犯。遭到羞辱，就可以成为公开决斗中杀死持有同样武器的诽谤者的合理理由。这是一种片面的观点，它的前提是认为拳头即正义是真实的，而决斗则是由上帝来做裁决。

意大利人如果遭到羞辱，他们就会很生气，只要见到诽谤者，不管是在哪里，他们都会手起刀落，没有任何迟疑，自然又果断。

他们并不比决斗者更卑劣，只是比决斗者更聪明。有的人会说，在决斗中，我和敌人都同样努力想取对方的性命，所以我要是杀死了对方，我就是正当的。可问题的关键是，挑战是我发起的，我的敌人因此处于自卫的境地。

说到底，双方如果都是出于自卫，那么给谋杀找的借口可要让人信服才行。决斗的双方拿彼此的性命来搏斗，这是他们双方达成一致的，因此有人会觉得"既然心甘情愿，那公正与否自然无所谓"，并以此来裁决决斗的正义性。

但问题是这些人的想法是不正常的，决斗的两人或者至少其中有一人会被强行拖到那个宗教裁判庭上，而导致这一切的正是骑士名誉原则的残暴统治以及其荒谬的守则。

有关骑士名誉，我说了很多，不过想要对付世间道德与思想的魑魅魍魉，那唯一能做到的就是哲学，它堪比大力神赫拉克勒斯❶。

近代社会的状况不如古代社会，这是因为两个东西的存在——骑士名誉原则与性病，这两兄弟使近代染上了阴郁、肃穆、凶狠的色彩，而古代社会正是因为没有它们才能自由快乐。人生的奋斗与爱情被这两兄弟联手毁掉了。

初看的话，我们会觉得性病影响不大，但实际上非常大，它是肉体与道德上的双重疾病。自从丘比特的箭淬毒之后，两性关系就充满了恐怖、阴郁的不信任，内含各种仇视、邪恶、陌生的成分。

发生于整个人类群体根基中的这种变化，对所有其他的社会关系多多少少都有一定的影响。为防止偏离主题，我对此不

---

❶ 赫拉克勒斯（Heracles），希腊神话中最伟大的半神英雄，解救了被缚的普罗米修斯。

做深入讨论。骑士名誉原则带来的影响与其很相似，虽然这两者有着截然不同的影响方式。

这种古人从未听说的闹剧，却在近代社会一本正经地上演着，严肃而又刻板，随口说出的每句话都会被反复推敲，仔细分析一下，极为恐怖。

但恐怖的不只是这样，古代那头半人半牛的怪兽只在欧洲一国，而这个原则却无所不在，欧洲各国都有它的身影，每年它都会从贵族子弟中挑选一些祭品。

如今是时候了，我们应该勇于面对，到迷宫中找到并杀死这头恶魔，就如我此时此刻所做的那样。希望在十九世纪的新时代再也看不到骑士名誉原则与性病这两头恶兽，希望它们能彻底消失。

我们要有信心，要相信医生们的能力，他们会研究出药物来预防性病，并且会凭借药物把性病彻底治愈。但除掉骑士名誉原则那头怪兽的任务则是哲学家的。

哲学家凭借对大众观念进行矫正来实现屠魔卫道，而大部分政府到现在依然不肯通过立法来解决这件事。如果想要把这邪恶的根基彻底斩断，那么唯一能做的就是去转变人们的观念。

倘若政府真心想要废除决斗，奈何没有什么效果，那么我在此给政府提供一条绝对能有效果的建议，没有流血，没有绞刑架或终身监禁，只需要一个小工具，既轻便又人道，那就是学一下中国人的做法❶。在中国，用棍棒抽打是一种司空见惯的惩罚，对公民、官吏都如此。这种做法告诉我们，在中国，这种经历了高度文明教化的人性，也不赞同类似骑士名誉原则的东西。

如果有人挑战别人，或者应战别人，那么就要在警察局门口，在光天化日之下，给决斗双方各打十二棒，并且双方的助手也要各打上六棒。至于那些已发生的决斗，要按照其所造成的后果追究刑事责任。

有些名誉至上的人可能会因为受到这种惩罚而自尽，那些信奉骑士名誉原则的人也许会如此反驳。我对此的回答是：这样的蠢货，让他自杀好过让他杀死别人。

但我明白，其实大部分政府在废除决斗一事上并不是当真要去做的。公务员付出的服务价值与他们获得的薪水远不成正比，对军官来说更是这样（最高级别的官员除外）。

名誉是他们获得薪水的另一半象征。

勋章与头衔是最能代表名誉的，而地位名誉则是更为广义上的代表。决斗对地位名誉来说无疑是一匹战马，随时备战，

---

❶ 在背上接受二十或三十杖的抽打，对古代中国人来说是家常便饭，这是中国人教育子女的常事，并不是一件大不了的事情，被惩罚者还会用感恩的态度接受它们。(《教育和奇妙书信集》第2卷)

因此大学校园里还有教人如何决斗的培训班。

也正是因为这个缘故，政府其实是在用决斗的鲜血来支付所欠的薪水。

在此也应提及民族名誉，这样才能全面。所谓民族名誉就是整个民族所共同拥有的名誉，是组成整个民族的每一名成员都必须拥有的。

武力是民族名誉的唯一的裁决者，因此每一名成员都应对自身的权利进行维护。

对民族名誉来说，一个民族除了要赢得可信，也就是信誉之外，还要赢得可畏，因此绝不姑息纵容任何侵犯权利的行为。民族名誉是把骑士名誉和公民名誉两者的立场综合到了一起。

名声和名誉是双胞胎兄弟

我们在前面谈到过人的形象，也就是人们在别人眼中的形象。而名声是当时最后一个提及的，在此我们接着谈谈名声。

名声和名誉是一对双胞胎兄弟，但就像波鲁克斯和卡斯托尔这对狄俄斯库里双胞胎兄弟一样，前者不会死，后者却难免

一死。❶

名声同样也不会死,而名誉同样终究难免一死。当然,我在此所说的名声是最高级的,是实实在在的、真真正正的,而不是那些如过眼云烟一般的名声。

更深入地说,人人皆可要求相同处境的人具备名誉所涉及的特质,而名声则不同,任何人都不能要求别人具备名声所涉及的特质;人人都可以公开宣称自己拥有名誉所涉及的那些特质,但任何人都不能宣称自身拥有名声所涉及的特质。

与我们有关的信息能够走多远,我们的名誉也就会跟着走多远;而与我们有关的信息如果落在名声的后面,名声走多远,就把与我们有关的信息带多远。

人人都可以拥有名誉,但是只有少数人可以赢得名声。因为能够赢得名声的人要有非凡的成就。

而成就只有两种:不是作品,就是功业。因而只有那么两条途径能够赢得名声。

作品之路,适合拥有伟大头脑的人;功业之路,适合拥有伟大心灵的人。作品更长久,而功业更短暂,这是主要区别,

---

❶ 据希腊神话记载,卡斯托尔(Castor)与波鲁克斯(Pollux)是一对孪生兄弟,斯巴达王后丽达所生。波鲁克斯是哥哥,父亲为宙斯,因而可以长生不死;而卡斯托尔是弟弟,父亲为斯巴达国王廷达柔斯,是难逃一死的凡人。

除此以外，这两条路各有优势。

再了不起的功业能发挥影响的时间也是有限的；而伟大的作品却是永久存在的，不管在哪个时代都能发挥有益的影响，促使人们积极向上。功业能存留下来的只不过是记忆，然而记忆随着时间流逝会变薄弱、歪曲、模糊，到最后甚至会消失，只有被历史记载下来的功业，把它转变成化石，才能流传后世。

而作品却不同，作品自身不会消亡，尤其是文字作品，不管在哪个时代都能流传。提及亚历山大大帝，只有他的名字和记忆还活着；但是说到荷马与贺拉斯、亚里士多德与柏拉图，他们的灵魂仍然不灭，依然在发挥直接的影响。

《吠陀》与《奥义书》仍在，然而过去各个时代所建的功业[1]早已消失殆尽。对机遇的依赖是功业的另一个缺陷。机遇能够为建功立业提供可能性。

功业与机遇是相关联的，功业的名声不仅是由其内在价值

---

[1] 如今，人们为了表示尊敬，将作品称为功业。实际上，这不过是拙劣的恭维。从本质上来看，作品要高于功业。功业是单独的、短暂的，因为它是有动机的行动，是属于世界的那个普通的、原初的要素，也就是意志。而那些美丽的或者杰出的作品是长久存在的，具有普遍的意义，是理智的产物，单纯无瑕，是对意志世界的升华。功业的名声在登场时会伴随强烈的轰动，这是它的特色，整个欧洲都能听见它的轰鸣。而作品的名声，则是缓慢来临的，开始轻微，然后声音越来越响，通常百年后最强。此后它会一直存在，可能持续千年，因为作品一直存在。而在最初的巨响过后，功业的名声开始渐渐减弱，越来越少的人知道，最后成为历史的残影。——叔本华注

决定的，同时还由一种情景来决定，这种情景能够给予功业荣耀与重要性。

此外，功业具有个人性，就拿战功来说，是否有战功，需要借助一些目击证人的说明，但是目击证人却并不常有，而且就算有证人，他们也不可能一直公道正直。但功业还是有优点的，它是一种实际的行动，它的价值人人都能够做出判断。

因此，只要能准确地掌握功业的信息，人们就能对这份功业做出公正的评判，当然也有例外的情况，直到后世才能正确认识建功立业的真实动机，才会对其做出公正的评价。

认识动机是对某个实践行动进行理解的部分。而作品则是另一种情形，作品的产生与机遇无关，而是完全依靠作者的创作，作品只要留存世间，它们就不依靠别的存在，自身就是其本来面目。

但评价作品却很难，越是高级的作品，越是难以做出评价，不是裁判缺少说服力，就是裁判缺乏公正，所以起初并不能对作品的名声做出彻底公正的裁决，而作品可以进行上诉。功业能流传后世的只有记忆，我们在前文说过。

发生功业的那个时代与世界，同样也是凭借记忆流传后世的；而作品尽管可能会残缺不全，但流传后世的是其本身。

可能作品在产生的时候会受到环境的影响，这种影响尽管对作品不利，但是很快就会消失殆尽。

有种情况反而更经常发生,那就是渐渐出现了真正具有鉴别欣赏能力的裁判,尽管这类裁判只是少数,但他们本身就出类拔萃。他们作为法官,来对更为出类拔萃的作品做出评判,他们每个人都对作品投出了重要的一票,最终形成了彻底公正的判决,并且不会被后世推翻。不过,这个过程有时需要花上好几百年的时间。

作品能够赢得名声是必然的,但作品的创作者能不能赢得名声,是由环境与偶然决定的。越是高深、优秀的作品,其作者想要赢得名声就越艰难。

塞涅卡对这点做了精妙的论述(《书信集》):"成就的名声就如影子一般无声无息地跟着它,也如影子跟随身体那般,有时名声在成就前面,有时名声在成就后面。"他还对此做了补充:"哪怕与你同时代的人因为嫉妒而紧闭双唇,而后世那些对你无爱也无恨的人最终会把公道还给你。"

可见,早在塞涅卡所处的时代,那些卑鄙小人打压有建树之人的手法就跟现在一样娴熟,他们擅长忽视、打压与蓄意沉默,他们惯于对大众隐瞒好的,从而来助长坏的。当时的那些卑鄙小人就好比如今的恶棍流氓,他们都"因为嫉妒而双唇紧闭"。

通常越长久的名声来得越迟,所有卓越事物的成长速度都非常慢。那种在身后流传的名声,就如同一棵缓慢生长的橡树一般，由一颗橡果发芽开始，然后抽出枝条，慢慢生长。

那些来得容易的名声，转瞬即逝，就好比成长迅速的植物，却只不过一年的寿命而已。假的名声就好比是野草，生得快，朽烂得也快。

一个人越能被后世理解，就越说明他在真正意义上属于整个人类，而他越会让他所处时代的人觉得陌生。

因为他的作品并不是专门为他所处的时代而创作，尽管他的作品属于那个时代，但属于时代的部分只是作为人类历史的那一部分，而并不是属于他所处时代本身，他的作品不具有所处时代的色彩。

结果他的时代如陌生人一般从他面前走过。而那些他的时代所欣赏的东西，能够贴合短时间的喜好，能够应付刹那间的事务，能够与时代同生共死，完全具有时代性。

人类精神所能取得的最高成就，在具有高级精神的人物出现之后，一改之前备受的冷遇，开始被肯定，继而赢得尊重，然后凭借由此而来的威信一直备受尊重。这是我们从艺术史和文学史中得到的意义。

说到底，根本原因只有一个，对每个人而言，能理解他、欣赏他的，只有处于同一水准的同类。

平凡的人与平凡的人是同类，庸俗的人与庸俗的人是同类，没有条理的头脑喜欢思想混乱的东西，刻板的大脑就爱固执己见，人们最喜欢的作品都是与自己气味相投的作品。

因此，埃庇卡摩斯[1]曾这样歌唱：

> 我说我的想法，
>
> 这并不奇怪。
>
> 为此扬扬得意的人，
>
> 才像傻瓜一样。
>
> 狗对于狗来说，
>
> 是最美貌动人的，
>
> 牛对牛是这样，
>
> 驴对驴也这样，
>
> 猪对猪亦如此。

倘若投掷一个轻盈的东西，哪怕拥有再强劲的臂力，也没有办法使所投之物动起来，使它远飞而去，这东西很快就会轻轻落地，根本飞不远，因为它自身缺少动力，无法接受外力。

如果让那些狭隘、孱弱或者混乱的头脑去接受那些伟大美妙的思想、那些杰出的非凡之作，那么就会发生这样的情况。每个时代的智者对此所发出的哀歌可以组成一部合唱。

---

[1] 埃庇卡摩斯（Epicharmus，前540—前450），古希腊喜剧作家。

耶稣·便·西拉[1]说:"同傻瓜说话就像和一位想睡觉的人说话一样。你话音刚落,他便会问:你方才说什么?"哈姆雷特也说过:"那些风趣的话总是在傻瓜的耳朵里打盹。"歌德也说过:

> 美妙的话被愚者听,
> 他也会对此嘲讽。

又说:

> 你说的毫无意义,
> 别人并不理解,
> 你不要烦忧!
> 毕竟石头丢进泥潭,
> 也是无法掀起波澜的。

利希滕堡则这样说:"头脑与书碰撞,好像敲的是空洞,难道空空的是书吗?"他还说过:"这类作品宛如镜子,凑上前端详的猴子绝对不会从镜子中看到使徒。"我们再次想起神

---

[1] 耶稣·便·西拉(Jesus ben Sira),著有《便西拉智训》。

父盖勒特打动人心的哀歌：

最佳的礼物，

往往最不被人称赞。

世上大多数人，

善恶不分；

这情况很常见，

我们怎样抵挡这样的事情？

是否可以赶走这一现象？

我对此事存疑。

地球上只有一个法子，

然而却艰难无比：

傻瓜必须变聪明。

然而你且看！

他们永不会有任何改变，

也不会懂事物的价值。

他们判断不用理智，

而是靠双眼。

他们对浅薄总是赞美，

全然不知何为美丽。

由于人们心智无能，结果便会如歌德所说的那般，卓绝不凡之人本就极为少见，而能够被欣赏与被承认的卓绝不凡之人则更是少见。

况且人类卑劣的道德几乎遍布世界各地，特别是嫉妒。

一个赢得了名声的人，他的地位会提高，会超越同类，而其同类的地位也会随着他地位的升高而有所降低。那些拥有杰出成就的人的名声是以那些没有成就、没有名声的人为代价的。

> 美誉给予别人的时候，
> 也就先降低了自己。
>
> ——歌德《西东诗集》

由此便可知晓，不管那些优秀杰出的人怎样登场，众多的平庸之人都会团结一致，不承认其过人之处，一旦有条件，他们便会封杀那些杰出人士。"让杰出优秀的人去死吧！"

哪怕是那些已经有所成就的人，他们也不愿看到出现新的名人。他们的名声会因为出现新的名人而失色，新的名人有多么出色，他们的名声就会跟着黯淡多少。歌德也曾这么说过：

> 倘若我犹豫不决，

> 只等人们允许后我再出生,
> 那我如今尚不在人间。
> 原因你们能明白,
> 你们只要看到下面这点:
> 倘若在某方面想追求光荣,
> 就会兴致勃勃地对我否定贬损。

名誉一般都可以找到公正的法官,不会被嫉妒挑拨。从一开始,人人都能通过信用获得名誉。

名声却不一样,每个想要获得名声的人必须为此去努力,由心志坚定、没有偏见、能抵御嫉妒的法官们组成的法庭来为此颁奖。

我们可以也愿意与别人一起分享名誉,却不能分享名声。名声会因为每多一个人追求而减少一分,想要获得名声的难度也会跟着增加一分。

想要通过作品来获得名声,其作品面向的公众人数越多,越难赢得名声;反之,面向的公众人数越少,越容易赢得名声,也就是说两者成反比,而其中的道理也显而易见。

与着力娱乐的作品相比较的话,那些侧重教诲的作品,更难赢得名声。而哲学作品想要赢得名声的话,难度最大,这是因为哲学作品所涉及的教诲内容缺乏确定性,而且也不实用,这类作品在刚出世之时就要面对喧闹的竞争者。因此想要获得名声的困难就会一重又一重。

如果谁完成的杰作能够享有名声，那必然是因为他对这部作品充满了喜爱，在创作的过程中一直很享受，根本不需要名声来激励。如果不是这样，人类的伟大杰作必然没有几个，更有可能会是一片空白。

我们甚至可以得出这样的结论：只有对大众以及其代言人的评判无视甚至是蔑视，才能躲避卑鄙与邪恶，才能创造出正义与良善。

奥索里奥❶对此有过非常准确的评论：名声自追逐者眼前飞走，反而追着那些无视名声的人走。因为前者刻意迎合同时代人相同的兴趣，而后者敢于对同时代人的兴趣提出挑战。

想要获得名声，困难重重，而想要保持住名声的话则很容易。名声在这一点上与名誉不同。每个人都能拥有名誉，只要有信用就可以拥有名誉，我们要做的仅仅是把名誉保护好。

但这正是关键所在，倘若做了对名誉不好的事，名誉会因此而消失。而名声则不同，名声不会消失，因为那些能够获得名声的作品以及功业都是稳定长存的，就算作品的创作者或者功业的建立者再没有取得新的成就，名声也还是依旧与作品或

---

❶ 奥索里奥（Jerónimo Osório，1506—1580），葡萄牙历史学家。

第四章 · 论人的形象

功业同在。

真正的名声，是绝对不会被削弱的，自然也就更不会消失。会被削弱、消失的名声是因为在短时间内被过高评估，是因为空有虚名。

黑格尔的名声就是此类。利希滕堡描述的名声也是这种："宣扬的人是拉帮结伙的小团体，响应的人头脑空空，然而终有一日，那堆砌华丽辞藻的房子会被后世之人敲开，他们会看到华美的空壳，却觅不到思想的踪迹；他们会推开房门，走进屋内，却发现里面空无一物。他们什么都找不到，甚至都找不到'欢迎'这样弱小却自信的痕迹，那个时候他们会露出怎样的微笑啊！"

一个人与其他人做比较是名声产生的根基。所以，名声只可能具有相对的价值，其在本质上是相比较而言的。

如果人人都能成为名人，那么这个世界上也就没有什么所谓的名声了。具有绝对价值的是一个人的直接内在所有，也就是其在任何情况下都能保持拥有之物。那些头脑与心灵都伟大的人，他之所有才是他幸福与价值的所在。

可见，名声并没有价值，有价值的其实是能够使人获得名声之物。能使人获得名声之物是实体，而名声只是偶然的产物。名声对那些有名的人而言更多是外在的象征，是其对自身高度评价的证明。

因此我们可以这样说，只有物体被反射的时候，我们才能看到光，名声也是一样，如果没有名声，那些杰出的人对自己的非凡就无法确信，但名声给出的信号并非一直准确。

空有名声却无功绩这样的情况是存在的，有功绩却全无名声的情况自然也是存在的。"有些人享有名声，有些人配享名声"，莱辛这句话说得恰到好处。

倘若一个人在别人眼中的形象能决定这个人的人生有没有价值，那么这样的人何其悲哉。倘若名声，也就是别人的赞誉欢呼，能决定天才与英雄的人生价值，那么这些英雄与天才可怜又可悲。

事实上，每个人都是为了自己而生活，为了自己而存在，首先每个人都要存在于自身之内，为自身而存在。

我们每一个人，不管他的生存方式是哪种，也不管他自身为何，排首位的自然是对他自身而言他是什么人，他的生存价值大不大、有没有意义取决于他之所是，他之所是没有价值或者价值不大的话，那么他的生存价值就没有意义或者意义不大。

别人心目中的他为何，则是衍生的，也是次要的，服从于偶然性，对排首位的人的自身只能施加间接的影响。此外众人的头脑是可怜、凄凉的舞台，没有真正幸福的容身之处，倘若看到所谓幸福的踪影，那这份幸福必然是虚假的。

名人堂里有各种各样的人物，有政府官员，有军队统帅，有说书人，有医生，有歌者，有舞者，有富豪，非常复杂。

在这里能对这些人的优秀做出更公正的评价，他们的优秀在此获得的名声也更加真诚，比对精神的优秀评价要诚实得多，也比精神的优越所获得的名声要真诚得多，在高级精神的优越上尤为明显。我们可以这样说，精神的优越在世人中所获得的名声只是口头上的。

对于虚荣与骄傲，名声无疑是一口分量极小的美味佳肴，无比鲜美，也无比珍贵。尽管很小心，大部分人还是掩饰不住他们的虚荣与骄傲。

也许这样的人才是最虚荣与骄傲的，他们因为具备了去赢取名声的资格，所以觉得自身比普通人更有价值，甚至会认为自身价值不凡，这种念头长期在他们头脑中盘踞，但是他们缺乏自信，他们一定要等待时机，去对他们的价值进行检验，然后去感受别人的认可。

他们在这一切发生之前，一直坚信自身遭遇了一种不为人知的不公正对待。❶但这正如在本章开篇所说的那样，我们对别人如何看待我们太过在意，这完全不合乎常理。

---

❶ 获得赞赏是我们最大的快乐，然而众人哪怕有再多赞赏我们的理由，他们也不愿意表现出来。因此，倘若有人能对自己真心赞赏，不管他是如何做到这点的，无疑他就是最幸福的人。当然前提是他没有被别人误导而产生自我怀疑。——叔本华注

霍布斯对此的说法过于绝对,但可能是正确的:"所有的精神享受,所有的单纯的快乐,都由同一个基础建立,即他可以借助与别人比较来合理地自命不凡。"(《论公民》)

由此我们便能理解,名声为何会被世人赋予那么高的价值,为何做出那么大的牺牲只是为了能够拥有它。

> 名声如马刺,激励纯粹的精神,
>
> 蔑视快乐,终会整日困苦劳累。
>
> (这是那些尊贵心灵,最后仅存的弱点。)
>
> ——弥尔顿[1]《吕西达斯》

另外:

> 名声的神殿在山顶闪闪发亮,
>
> 登上这山巅简直太难了!
>
> ——贝蒂[2]《吟游诗人》

现在,我们终于懂得,为何荣耀总被那些最爱慕虚荣的民

---

[1] 弥尔顿(John Milton,1608—1674),英国诗人、政论家。

[2] 贝蒂(James Beattie,1735—1803),英国诗人、随笔作家。

族时时刻刻提起,创杰作、立大功的主要动力是对光荣毫不犹豫的追求。但名声只不过是功业的影像、回声、象征、反映,被敬仰的与敬仰相比较,更有价值的必然是前者,因而毋庸置疑,名声居于第二位。

名声并不能真正使人感到幸福,只有能让人们获得名声的东西,也就是功业才能够真正让人幸福,准确地说,是生成这份功业的能力与态度,它可能是智力上的成果,也可能是在道德上的建树。

人之所有乃是一个人的最佳之物,必然在其自身之内存在,而别人对此如何反应以及如何看待,从地位上来说是次要的,从意义上来看是从属的。哪怕最终无法获得,只要具备了享有名声的资本,那就意味着拥有了最重要的东西。

他会因为拥有最重要之物而得到慰藉,哪怕他的确有什么东西被夺走了。一个真正伟大的人,值得众人对其羡慕,但如果他的伟大,只是出于世人愚昧、盲目的错觉,那他也就不值得众人羡慕了。

后世之人去学习他的思想并非天大的幸福,从他那里诞生了人们反复思考、流传千百余年的思想才是天大的幸福。而且这思想没有人能从他身上夺走,它由他自己掌控,除此以外皆由不得他自己来做决定。

倘若敬仰本身为首要之物,那么就不值得去敬仰被敬仰者。

其实那些能力达不到而享有的名声，也就是虚名，便是这样。

名声只是对功业的反映与象征。徒有虚名的人没有功业，只能凭借虚名来过活。但他必然经常会因为这个虚名而烦恼。他因为自恋而开始自我欺骗，可就算是自己骗自己，他有时依旧会因为德不配位而感到头晕目眩。

他有时也会觉得自己明明只是一枚铜板，却偏要去冒充一枚金币。此时，他担心会被揭穿，害怕由此而来的羞辱。在智者的视野中读懂了后世对他的判断，无疑是最令他感到惊恐的。他就好像是通过伪造的遗嘱把别人的财产占为己有一样。

身后名，也就是最为真实的名声。尽管拥有这一名声的人，在活着的时候可能听不到，可在我们看来，他还是幸福的。

之所以说他是幸福的，是因为使他获得名声的那些伟大特质自身，是因为那些伟大特质在他的寻找下得到了契机去发展，是因为他行事的方式适合他，或者说是因为他所从事的事业是自己感兴趣的。只有具备这些条件，才会诞生出能够赢得身后名的作品。

一个人的思想本身决定了一个人的幸福程度。那些最高贵的心灵在未来时代也会兴致勃勃地去专心对他的思想进行思考。有没有享有身后名的资格决定了身后名的价值，有享有身后名的资格是对其自身的奖励。

而那些拥有身后名的作品在同时代人那里是否能够赢得名

声,则由偶然状况决定,并不重要。

世人通常都缺乏自己的判断,尤其缺乏对高级别、高难度的成就做出评价的能力。因此,他们在需要对成就做出评价时总是去听从外界权威的看法。如果在哪里敬仰名声的人达到99%,那么在那里信心与忠诚就是名声唯一的基础。

对善于思考的人来说,那些源自和他同时代的各种不同声调的欢呼没有什么价值。他从这嘈杂的欢呼中听到的回声永远只是极少数的论调,而这些论调也只是一时的产物。

请想一下,听众们在一位音乐大师演奏完毕后鼓掌欢呼,但是这满场的观众,除了一两个人,余下的都听不见声音,而他们之所以会鼓掌,是因为看到那一两个听到音乐妙处的人在鼓掌,他们立即热烈鼓掌,以此来掩盖他们本身的缺陷。

倘若大师知道了真相,他还会觉得自己是被人赞誉了吗?再想一下,后来大师得知,第一个鼓掌的人也会为最糟糕的提琴手献上最热烈的掌声,因为他被贿赂了,而且他经常会被贿赂!因此便会知道,那些在同时代中享有的盛名为何很少转化成身后名。

这点在达朗贝尔[1]对文学名人殿堂所做的精彩描述中可以看到:"住在殿内的,几乎都是生前不曾进门的死者;也有几

---

[1] 达朗贝尔(Jean le Rond d'Alembert, 1717—1783),法国哲学家、数学家、物理学家。

个活着的人，只要他们死了，几乎每一个都会被踢出去。"

顺便说一下，给一个活着的人立碑，就如同宣称后世不会有人敬仰他一样。即将变为身后名的名声，一个人如果对此有所体验，那也大多在其老年时发生，很少会早于这个时期，诗人与艺术家可能会例外，但哲学家几乎从不例外。

能对此做出证明的是那些因为作品而出名的人的画像，他们在画像上常常是年迈苍老的样子，尤其是哲学家更是格外苍老，因为他们的画像多数完成于他们成名之后。但以幸福学的视角来看，这完全是正确的。

在年轻时就赢得了名声，这未免太早了，青春和名声配在一起，委实不是我们所能承受的。人的一生可怜又乏味，对人之幸福的分配必须谨慎。那些年轻人自身已经拥有足够多的财富，他们可以对这些拥有的财富恣意享受。

而对上了年纪的人来说，各种各样的享受就好比树木在冬日凋零一般，如果在这个时候，名声之树开始生长，那就是一棵真正的冬青树，这样形容最恰当不过。也可以拿冬梨来形容名声，长于夏日，于冬日收获享用。

年轻的时候，一个人如果对他的作品投入了全部的精力，等他年迈之时再去看这些作品，对他而言最好的安慰莫过于这些作品并没有和他一同老去。那些与我们密切相关的科学领域，那里的人是怎样出名的，如果我们对此进行细致观察，便能得出以下这条准则：卓越的智力是名声在科学领域的彰显形式，而卓越的智力经常需借助一些材料来表现，这些材料的组合方式是新颖的。

越是人人耳熟能详的材料，世人与其接触越多，那么将它们组合所获得的名声也就越大，也会被越广泛地传播。

倘若材料是几段弧线或者几个数字，是植物学、动物学、解剖学、物理学上的某个特例，是古人残缺的文字、铭文，是字母表已经失传的文字，是说不清道不明的历史，那么通过把这些材料进行组合而获得的名声不会被广泛传播，其传播范围仅限于对这些材料了解的人，也就是那些离群索居的、渴求专业名声的人。

倘若材料是人们不可或缺的，是所有人都知道的，其属性是自然力量、理智、秉性等诸如此类为人们普遍拥有的，我们一直能看到其全部的作用方式，那么对材料用明确、新颖、重要的方式进行组合，可以对材料理解得更为深刻清晰，而名声如果是以这样的组合方式赢来的，那么会渐渐地在整个文明世界中传播开来。

这是因为倘若人人都能接触材料，那么人人都会知道材料的各种组合方式。但名声的高低，取决于需要克服的困难的大小。越是人人皆知的材料，越是难以对它们进行正确且新颖的组合，因为对这类材料的组合已经有很多人都尝试过了，很难再找到新的组合方式。

如果材料是人们很难接触到的或者很难获得的，那么新的组合方式就很可能出现。此时，如果具备中等水平的精神优越，也就是说拥有清醒的理智，能做出正确的判断，幸运的话，正确且新颖的组合方式就会被发现。

但在此种情况下所获得的名声的传播范围，大概仅限于了解材料的人。想要解决这类学科的问题，就需要认真刻苦地对材料进行钻研。

而想要在整个世界获得名声，就需要解决另一类问题，与这类问题有关的材料得来非常轻松，但越是容易获得的材料，越是需要解决问题的能力，甚至还可能需要天才。从价值与评价的角度来看，没有什么能和天才相提并论的，哪怕付出再多的时间与精力去对其进行钻研也不能。

倘若自身的精神天赋平平，但自觉拥有正确的判断以及清醒的理智，那么就应该认真钻研，从那些广泛接触这类材料的普通大众中脱颖而出，努力向那些刻苦研究、治学成功的学者看齐。

竞争者的数量在此会大幅减少，头脑只要稍微聪慧，就能很快抓住时机，用正确且新颖的方式来组合材料；而材料得来不易，会成为一个支撑，能够证明其发现是一个重要成就。

但这属于专业领域，做研究关注的只有同行，他所获得的掌声来自同行,普通大众对此只是略有耳闻。

倘若按此描述一路向前,那么走到底便会迎来一个节点,材料自身就能获得名声,无须再对其进行组合,因为这些材料极为珍贵稀有。

如果去很遥远且很少有人去的国家旅行,那么这一点就能实现,成名无须思考,仅凭眼见即可。

与别人谈论所见所闻和与别人谈论思想相比较的话,前者理解起来更为容易;对别人来说,听人讲述所见所闻与听人讲述思想来做比较的话,显然前者也同样更便于理解。这也是这条路的一个极大优势所在。所以,那些与见闻有关的书比谈论思想的书拥有更多的读者,就如阿斯慕斯[1]所说:

倡若能旅行,
便有故事可言。

对于这些因为了解异国故事而出名的人来说,贺拉斯有句名言,用在他们身上再适合不过:

远渡重洋,

---

[1] 阿斯慕斯(Asmus Matthias Claudius,1740—1815),德国诗人、记者。

天地不同，

胸怀依旧。

——《书信集》

我们最后去看看那些头脑出类拔萃的人应该如何去做才恰当。有些问题极为困难，因为它们关系到整体，关系到一切，这些极难完成的问题需要头脑卓越的人去努力解决。

解决这些问题的人虽然会尽可能地拓宽眼界，但是不管从哪方面来看，在只有极少数人了解的某个特殊领域中，这类人都不会走得太远，也就是说这些人不会把握细节，不会去对个别学科的专业知识做深入了解。

他不需要躲避众多的竞争者，也不需要在那些很难去探索的研究对象上花费精力。他可以对这些材料进行重要、真实、新颖的组合，这正是我们每个人都能获得的。

也就是说，绝大部分人都能对他的成就表示欣赏。因此，那些动物学家、解剖学家、物理学家、矿物学家、化学家、历史学家、语言学家所能获得的名声，远远比不上哲学家与诗人所获得的名声。

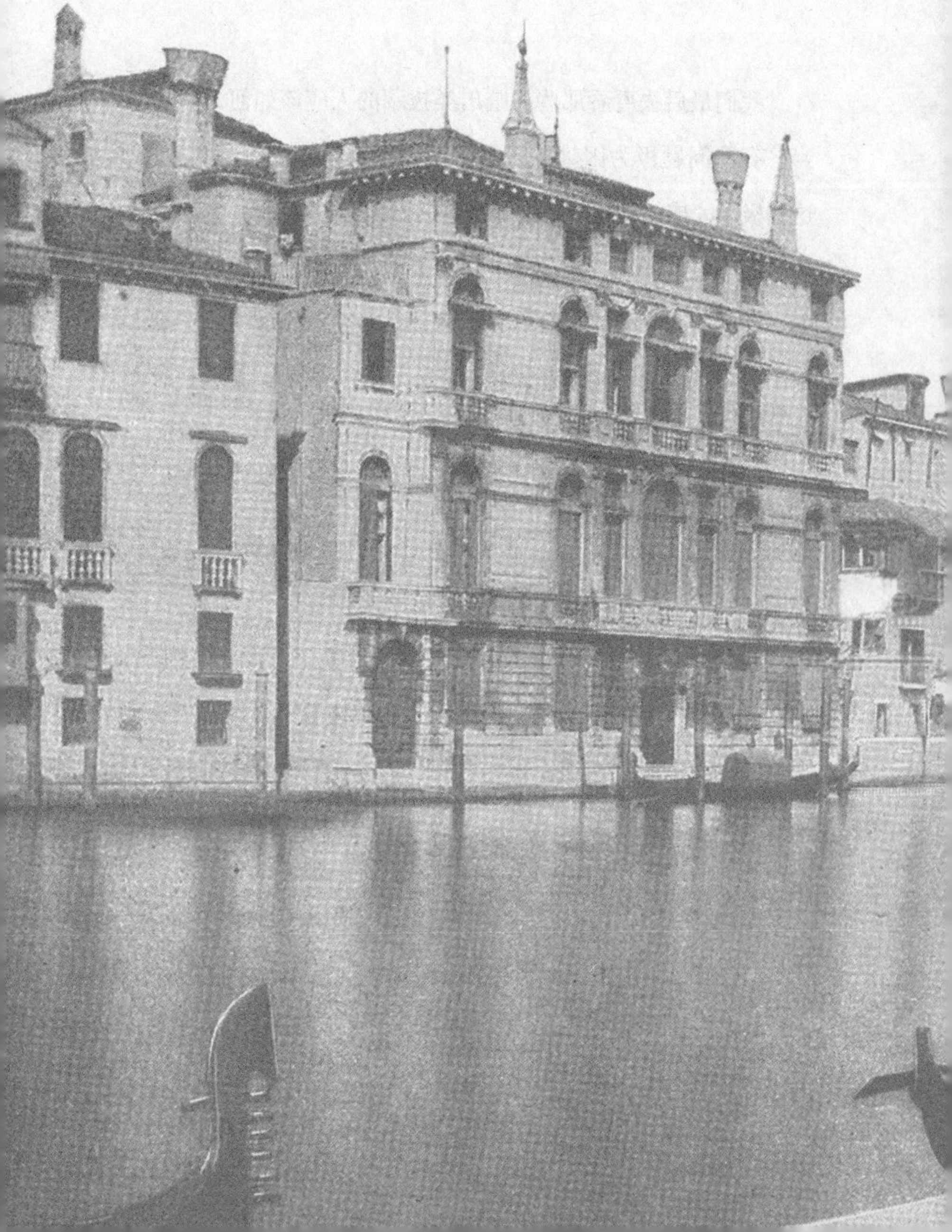

第五章

忠告和箴言

幸福生活是什么

我在本章不会论及每个方面。从古至今,那些思想家们,从泰奥格尼斯到伪所罗门再到拉罗什富科❶,都提出了许多与生活有关的准则,其中有不少高明的见解,还有众多人人皆知的常识与道理。

倘若我每一方面都说到,那么不可避免地会重复。当然如果不面面俱到,便会因此而失去系统性。

在本章中,我只阐述与以下三个标准相符合的思想:第一,我自己的思想;第二,看上去有传播价值的思想;第三,在我的记忆中,从未被人提及,不曾被人同样完整地提到过的思想。

这片无垠的土地,也有别人在耕耘,只不过我提供的果实是他们不曾有过的。

在本章中,我阐述的观点内容丰富、形式多样,对很多问题都提出了忠告,为防止凌乱没有条理,我在此把本章内容分

---

❶ 泰奥格尼斯(Theognis,约前585—前540),古希腊诗人。伪所罗门(Pseudo-Salomo),《所罗门智训》(又称《智慧篇》)的作者。拉罗什富科(François VI, duc de La Rochefoucauld,1613—1680),法国作家。

为四部分：第一部分是总论，第二部分是如何自律，第三部分是如何待人，最后一部分则是如何面对命运与世道。

第一部分　总论

1.在我看来，亚里士多德在《尼各马可伦理学》（第7卷第12章）中的一句话堪称是有关人生智慧的最高准则。把这句话翻译过来，大意是："聪明人追求的不是快乐，而是没有痛苦。"也可译成："聪明人追求的并不是享受，而是没有痛苦。"

这是一条真理，因为从本质上来看，所有幸福与快乐都是负面的，而痛苦则是正面的。

关于这点，我在《作为意志和表象的世界》的第1卷第58节中做过非常详尽的论证与阐述。❶但在此我还是会通过日常

---

❶ 众人通常所说的幸福是得到满足。从本质上来看，其实是负面的。人们所谓的幸福，并非在我们身上自然而然、原原本本发生的快乐，它总是满足了一个愿望。愿望，也就是匮乏，是各种享受的前提条件。愿望只要被满足，便不再存在，享受也就会随之消失。可见，快活或满足，未必会比摆脱痛苦、解除困窘更实在。因为困窘与痛苦当中不但有各种公开的、实际的痛苦，也有各种愿望。这些扰乱了我们内心的安宁，我们甚至会因此而觉得生存是沉重的负担。然而想要实现目标、想要达到目的，极为困难。每一个计划，面对的都是重重困难；每前进一步，都要克服重重阻碍。等终于克服所有困难，完成所有目标，收获的只是脱离某种不幸，或者是挣脱某个愿望，只是重新回到起点。我们直接所得一直都只是匮乏，也就是痛苦。然而我们只能通过对在满足到来时消失殆尽的痛苦与匮乏的回忆间接地去认知满足或享受。可见，如果意识不到我们自身拥有的优点与幸福，自然也就无从珍惜。它们说明我们的幸福一直是负面的，也就是对痛苦的遏制。我们第一次感受到它们的价值时，就已经失去了它们，痛苦、困窘、匮乏都是正面的，因此对自身的存在都是直接宣示，去回忆已克服的困窘、已战胜的疾病、已摆脱的匮乏等，使我们感到欣喜，我们享受眼前的幸福的唯一途径就是回忆。——叔本华注

可见的事实对其进行解释说明。

身体是健康的，全身感觉是舒适的，但如果有哪个部位感到疼痛，或者受了轻伤，那么我们就会觉得不舒服、不健康，注意力总会停留在受伤或者疼痛的部位上，再也感受不到整体的舒适。

其实如果我们事事顺遂，有那么一件事不如意，哪怕这件事微不足道，我们的头脑中也会一直惦记着这件不如意的事，时常想到它。而那些让我们心满意足的事，那些对我们来说更重要的事，我们却很少会想到。

从我们的身体以及人生奋斗两种情况中，我们都能看到意志受到阻挠干扰后产生的客观表现。满足意志能发挥的永远都只是负面的作用，它不会直接被感觉到，顶多以反思的形式进入人的意识。

与其相反，意志上受到的压抑所产生的作用却是正面的，能够独立发声。挣脱意志所遭受的压抑能带来各种快乐，可是这些快乐只是短短的一瞬间。

亚里士多德那条被我夸赞的准则，劝告我们对人生数不清的苦难要尽可能地去躲避，而不要沉迷于人生的快乐与享受中。我在此所阐述的一切都是以这条准则为基础的。

伏尔泰曾说过："快乐宛如梦一场，痛苦却分明真实。"如果人生的实际情况不是这个样子的，那么他所说的也就过于荒谬，然而事实上这话再正确不过了。

我们通过幸福学来总结一生的话，要计算的是总共躲避了多少痛苦，而不是去统计享受了多少快乐。在本书开头，我就说过，幸福学只是委婉的说法，所谓"幸福生活"，其实说的是"不幸较少的生活"，也就是能够忍受下去的生活。

人这一生，实际上是为了放下、为了度过，而不是为了享受，有很多说法表达的都是这个意思，比如，拉丁语中的"度过一生"和"挺过一生"，意大利语中的"熬过一生"，德语中的"必须设法活到底""他肯定会走通人生之路"，等等。

值得欣慰的是，人上了年纪以后，那些人生的劳顿已置于身后。如果一个人在一生中，不管是精神上，还是肉体上，都不曾遇到过巨大的痛苦，那么他的命运无疑是最佳的。如果一个人，他享受过最大的、最强烈的快乐，那他的命运并不算是最好的。

快乐一直都是负面的，以为快乐能够让人感到幸福，其实是一种被嫉妒制造出来的幻觉，而这个幻觉是自己受到了惩罚。痛苦则不同，人们对痛苦的感受一直是正面的，因此衡量人生幸福的标尺应该是没有痛苦。

想要从本质上实现人生的幸福，就需要既没有痛苦，也不无聊。除此以外，别的一切都是虚假的。因此绝对不能抱有忍受痛苦来交换快乐的想法，就算只不过是有遭受痛苦的可能性也绝对不行，不然就是去拿正面与实在的东西去同负面与虚无的东西做交换。

真正的赢家则有所不同，他们会牺牲快乐去躲避痛苦。痛苦与快乐，哪个在前，哪个在后，都并不重要了。

企图把苦难人生的舞台变成欢乐的游乐场，去追求快乐与享受，而不是去追求尽可能地没有痛苦，这其实是人生中最大的错误，但这却是大众正在做的事情。

有的人，思想太过阴暗，在他看来，整个世界如同地狱一般，因此他一心只想为自己建一个可以躲避的小屋，这样做也不对，但不会错很多。那些愚者一味追求人生的快乐，到头来却是一场空；而智者则尽力去躲避人生的苦难，倘若躲不过，他们并不会责怪自己愚钝，而只会归因于运数。

如果他成功地躲避了人生的苦难，那么他就不再上当，因为那些被他躲过的苦难实际上再真实不过，没有一丝作伪。如果他为了躲避苦难而绕了远路，牺牲了一些本就不必牺牲的快乐，实际上也不会有一丝一毫的损伤，这是因为所有的快乐都是不真实的、虚假的。

为失去些许这样的快乐而难过，委实显得幼稚可笑。

导致诸多不幸的根源就是不明白上述道理，而世人的无知又因为乐观主义被助长。我们本来没有痛苦，我们的痛苦是自己造成的，这一事实，我们无法辩驳，那些蠢蠢欲动的愿望在我们面前形成了根本不存在的幸福的虚影，诱惑我们去追逐。

我们此时已失去了没有痛苦的状态，我们为此哀叹，它在我们身后，就好比我们失去的一个乐园，而我们明知不可能，却依然企图逆转已经发生的那些事。这一切的发生，就好像一个魔鬼用愿望的幻象来勾引我们，可我们却没有抵御住诱惑，离开了没有痛苦的状态。然而没有痛苦的状态才是真正的幸福。

在那些不明事理的年轻人看来，让我们享受才是世界存在的意义，世上有正面的幸福，而那些无法拥有自己幸福的人，他们的运气都不好。年轻人的这种想法会被诗歌、小说，还有世上比比皆是、看似可信实则彻彻底底的虚伪行径加强。这种虚伪行径我稍后会进行讨论。

因此，穷其一生，他都在追求所谓正面的幸福，而正面的快乐显然是这种幸福的来源。可是，人们只要展开对幸福的追求，就会把自己暴露出来，必然会遇到种种问题。

对从不曾存在过的猎物展开追逐，往往会遭受真正的不幸，这种不幸是正面的、真实的。疼痛、疾病、破产、烦恼、贫穷、耻辱、受罪以及各种困窘，皆为不幸的表现。而此时妄想落空，已经太迟了。

倘若遵照我在此所阐述的准则，那么情况就会截然不同。躲避痛苦是人生的目标，也就是说人生的目标是远离疾病、贫困以及种种困窘。人们去追求这一目标,就能取得成就,因为这一目标是实际存在的。

人生的计划受到的干扰越少,即越不去努力追求虚假的正面幸福,那么他能取得的成就也会越大。在歌德的小说《亲和力》中,歌德借米特勒[1]这个终日为他人幸福而忙碌奔波的人之口说出:"想要挣脱苦难的,都明白自己所求为何;想比现在更好的,双眼皆被灿烂星光晃瞎。"

这句话说得非常正确,为此我们想到了一句美妙的法国格言:"好之仇敌乃是更好。"我们甚至能够借此推导出犬儒主义的基本思想。

犬儒派哲学家把所有的快乐都抛弃了,在他们看来,快乐必然是与痛苦绑定在一起的,只不过有的快乐离痛苦近些,有的快乐离痛苦远些。他们认为,获得快乐远没有躲避痛苦重要。

快乐是负面的,痛苦是正面的。他们对此早已有了深刻的认识,因此他们会尽最大的努力去躲避苦难。他们认为,快乐中隐藏着给我们带来痛苦的陷阱,必须主动彻底地放弃快乐以躲避苦难。

席勒说,我们每一个人都是在阿卡迪亚乐园(又名乌托

---

[1] 米特勒是mittler的音译,mittler意为媒人、中间人。

邦）出生的，怀揣着各种对快乐与幸福的渴望来到这个世界上，还妄图实现我们心中所渴望的一切。这是多么愚蠢的渴望呀！

而命运通常很快就会给我们迎头一棒，简单粗暴地训斥我们：所有的一切都属于它，没有什么属于我们。它所拥有的权力不可争辩，我们拥有的全部财富，我们的伴侣与孩子，甚至我们的五官、躯体全部都归它所有。

不管怎么样，我们以后终究能认识到，幸福与快乐只能远观，一旦靠近，就不见踪影，宛如海市蜃楼。我们还会认识到，痛苦不是虚幻的，而是真实存在的，它们就这样直接到来，不需要凭借想象，也无须期盼。

如果这个来自命运的教导有效果，我们就会停止对幸福与快乐的追求，转而竭力去阻挠痛苦的到来。我们此时便会知道，没有痛苦、可以忍受的生存，已经是世界能为我们提供的极限，如果我们渴望的仅仅只是这种生存，那么赢得它便有很大的可能性。

不追求百分百的幸福，才是避免百分百不幸福的最可靠手段。关于这一点，歌德年轻时的朋友默克[1]显然也意识到了，他曾写道："对幸福与快乐无所顾忌地追求，甚至企图去追求

---

[1] 默克（Johann Heinrich Merck, 1741—1791），德国作家、批评家。

那些我们渴望至极的幸福，世间一切皆因此被败坏。只要不贪恋现在没有的，挣脱这份奢望，那么他就能享有平安。"(《歌德与默克书信集》)

在此我对所有人都提出一个建议，每个人都应该降低自身对财富、地位、名誉、快乐等方面的渴望，将自身对这些的渴望调整到一个最合适的程度。

因为那些为了享有荣耀、快乐、幸福而付出的奋斗最终带来的却是大大的不幸。不幸太容易发生。想要获得百分百的幸福，最大的问题不是难不难，以及有多难，而是完全没有可能。关于这一点，我给出的建议不但明智而且也很实用。

关于人生智慧，诗人贺拉斯说得极有道理：

> 钟爱黄金般中庸的人，
>
> 既躲开寒酸的破屋，
>
> 也远离让人羡慕的宫殿。
>
> 巨松在风中摇动，
>
> 高大的石塔也会溃毁，
>
> 高山之巅也会被雷电击中。

依我来看，我们的整个生命有还不如没有，而人生最高的智慧，莫过于完全彻底地抛弃人生。

如果有谁对这一学说能够完全接受，那么不管面对什么事情、什么场景，这个人都不会对此有深深的期待，不会为了世界上的什么事物而一腔热忱地去拼搏，也不会因为经历了失败而痛苦不堪。

贺拉斯对柏拉图所说的"世间诸事，不值得尽心尽力"（《国家篇》第10章）完全认同。还有人做如下表达：

> 如果你失去了全世界，
>
> 莫悲伤，这些本是虚无；
>
> 如果你赢得了全世界，
>
> 莫欢喜，这些本也是虚无；
>
> 世间苦乐都会过去，
>
> 莫理会，全都是虚无。
>
> ——安瓦里·索赫伊利[1]

然而这个中肯的观点却因为上文所提及的世上的虚伪行径而很难建立起来，我们应尽早把真相告知年轻人。

大部分的快乐其实只是表象，就像是没有实质内容的舞台背景，比如彩船花舟、火树银花、礼炮轰鸣、锣鼓喧天、喝彩

---

[1] 安瓦里·索赫伊利（Anwari Soheili, 1126—1189），波斯诗人。

欢呼等，只不过是张贴快乐的广告、象征快乐的符号、打着快乐招牌的幌子，而快乐的踪影在多数情况下根本就看不到。快乐拒绝参加庆贺。

倘若快乐真的来临了，大多数时候都低调安静地不请自来，快乐会在日常普通的场合中悄无声息地出现，而其现身的理由通常都是那些平凡的、琐碎的小事。

在那些宏伟辉煌的场合，快乐倒是很少现身，它与澳大利亚的金砂一样，现身具有偶然性，没有规律，在哪里都有可能出现，很少会大量出现，多数时候只是稀少的、零星的。

为了让别人相信快乐真的曾经来过，为了在别人的头脑中留下关于快乐的假象，才会出现以上所提及的种种富丽堂皇的场景。不管快乐还是悲伤，都是如此。

送葬的队伍长不见尾，缓慢前行，看上去是那么悲痛。一辆辆马车连成长队，诸君请细细端详：这些马车其实都是表象，给死者送葬的，只有城里的车夫。这一切告诉我们，世上的尊重与友情，都是虚伪与空洞的。

还有一个例子，众多宾客应邀前来，他们个个盛装打扮，受到热情招待，他们是优雅社交的代表，但是无聊、尴尬、勉强才是他们通常所表现的样子，因为越是很多人聚集的地方，越是有更多的粗鄙之人。

社交圈子里很少有真正优秀的人。那些盛宴与庆典，尽管辉煌奢华，但其本质是空洞无物的，更有甚者还可能是不和谐的。我们贫穷困窘的人生与其对比鲜明，真相因此越发清晰明了。

但不可否认，辉煌奢华单从外表来看的确有效果，而这正是它的目的所在。对此尚福说得最妙："所谓众人的世界，也就是沙龙、社交圈子以及社会，其实只是一个悲伤的故事，借助几个装饰、几件戏服、几台机器，勉强来支撑一出乏味拙劣的戏剧。"

而哲学讲坛与学术界也是这样，都只是打着幌子而已，看上去很有智慧，但实际上智慧根本不会在这儿。肃穆的钟声、威严的教堂、奢华的服饰、乖张的举止，这一切都是打着祈祷崇拜的幌子，是假招牌。

所以差不多可以用空壳来定义这世界上的万物，果实本就罕见，而藏于外壳的果实尤为罕见。想要寻找果实，须至别处，果实通常不可强求。

2.如果要对一个人的幸福做出评估，那么应该去询问有什么让他感到悲伤，而不是去问他会因为什么而感到快乐。他越幸福，那些令他烦恼的小事越不值一提。只有身体和心灵都安宁的人，才会去留意那些细枝末节；那些无关紧要的小事，在遇到大难时根本察觉不到。

3.注意，对人生不可要求太多，否则搭建在这种地基上的幸福高塔最容易倒塌，地基越宽，意外就越容易发生，而意外从不会不来。

由此可见，幸福的高塔并不会因为地基越宽而越牢固，这点与别的建筑截然不同。想要躲避巨大的灾难，最稳妥的做法是尽可能地降低对生活的要求。

总之，世间愚蠢的行为有很多，把人生这个摊子用各种各样的方式铺展开来且铺得又宽又长，显然是最常见、最愚蠢的行为之一。

如此做派是建立在认定自身可以安享天年的基础上，殊不知尽享健康寿命的人寥寥无几。哪怕寿命再长，对实现人生的各种计划来说，时间也是远远不够的，因为我们预期的时间总是远远少于实现计划所需要的时间。

况且，人生计划与世间万事一样，难免会遇到不断的失误、重重的障碍，没有几个人能真正实现目标。

就算到最后所有目标终于都能实现，但我们在制订计划的时候并没有考虑到一点，那就是我们会因为时间而发生各种变化，我们都不曾想到我们的能力，不管是做事的能力，还是享受的能力，都不能一直保持如初。

因此便会出现这样的情况，我们想要得到某些东西，为此我们可以不懈努力，但是等我们得到时，它们对我们来说已经不再适宜。还有一种类似的情况，为了完成一件事，我们用了漫长的时间来做准备,这个时间不是一天两天,而是一年又一年,甚至准备了很多年,然而我们完成这件事的能力却已被时间夺走。

通常结果便是如此——历尽艰难,辛辛苦苦地赚到了万贯家财,却已没有了享用的能力,只能便宜了别人,一生白忙活;苦心孤诣,奋斗多年,最后终于当上了高官,但也没有了去就任的能力。

这样的情况都属于好事到得太迟。与其相反的情况则是:我们着手太晚,新人已长成,时代已改变,我们的作品或者成就不被人欣赏;或者有人寻得捷径,早我们一步到达。这类例子举不胜举,在此便不一一说明。

这一节所提及的,贺拉斯都曾想到过,他说:

> 心灵脆弱如你这般,
> 何必计划地久天长?

因为心灵之眼一定会欺骗人,这个错误也就见怪不怪。倘若站在人生的起点上,那么人生看起来便是无穷无尽的;倘若站在生命的尽头,那么人生回顾起来必然只是短短一瞬。这个错觉也不全是坏处,也有好的一面,没有这种错觉,伟业怕是很难成就。

总之，我们的一生好像是周游四处。我们举目远望，看到的是一番景象，而眼前的景物会随着前行的脚步而不断产生变化。

各种各样的愿望更是这样。我们苦苦追寻，所找到的通常和我们所期待的截然不同，甚至还可能会超过我们的期待。还可能，我们顺着一条路苦苦寻觅，却没有任何收获，也不曾料到在一条全然不同的路上就有我们所追寻的目标。

在此着重提到的是，我们的目的通常是追寻快乐、享受、幸福，然而我们却找到了与它们有关的见解、认识以及教诲。我们在对短暂虚幻的好处进行追寻时，却发现了永恒真实的宝藏。

《威廉·迈斯特》❶一书的整个基调中都体现了这一观点。与别的小说，包括沃尔特·司各特❷的作品相比，这部小说的水准更高，它是一部哲理小说。司各特所写小说的主题是通过意志来掌握人性，因此也就只是伦理小说而已。

《魔笛》这部歌剧内涵丰富、离奇荒诞、意味深长，具有象征性，它的基本思想被粗犷的音乐和粗放的舞台布景表现了出来。

倘若给剧情做出点修改的话，那么这部歌剧在思想表达上

---

❶ 歌德创作的小说，讲述了青年威廉·迈斯特成长道路上的迷惘，他在人生和艺术中的探索和追求。

❷ 沃尔特·司各特（Walter Scott, 1771—1832），英国历史小说家、剧作家、诗人。

就圆满了。在尾声时，塔米诺战胜了想要得到帕米娜的念头，一心只求进入智慧的殿堂且被准许，这是一处修改。

相比之下，帕帕盖诺得到了帕帕盖娜，却是天作之合。那些优秀高尚之人，会立刻把命运的教诲牢记心底，他们对此充满感激，信奉执行。

他们深知，能在这个世界上发现真理，却无法找到幸福。只要想通了此节，他们就会习惯于用希望换取见解，并且会因此而感到满足。他们最后会真心与彼特拉克[1]一起说：

> 求知之外，
>
> 我别无快乐。

甚至他们会达到这样的境界，表面上他们在为实现愿望而努力，实际上他们内心所期待的是感悟真理。

他们因为有这样的内心而沉静安详、聪明过人、超凡脱俗。从这个意义上来看，也可以说在生命的历程上，我们与炼金术士颇为相似，他们把全副精力放在了对黄金的追求上，可他们却发明了陶瓷、医药以及火药，甚至还发现了一些自然规律。

---

[1] 彼特拉克（Francesco Petrarca，1304—1374），意大利学者、诗人。

第五章 · 忠告和箴言

怎样和自己相处

第二部分　如何自律

4.一个建造楼房的工匠，他对建筑的总体规划一无所知，也不会每时每刻都记住这一规划。人们一天接一天地过日子，生命的时光被一小时接一小时地消磨，从他们生命的历程以及特征来看，他们和那个工匠的做法是一样的。

一个人，如果他的生命有更高的价值，有更重要的意义，有更强的计划性与个性，那么在他的眼前也就更有必要时不时地出现有关他人生的蓝图与缩影，他从这份蓝图与缩影中得到的好处也会更多。

当然，在此有一个前提，在"认识自我"这一方面，他已经迈出了一小步，他清楚自身最想要的是什么，他明白对他的幸福而言什么是最不能缺少的，他也知道什么排在第二位和第三位。除此以外，他总体知道自身该从事的职业、扮演的角色，以及他与世界的关系。

如果他与世界的关系非比寻常，那么对他来说，与其他任何东西相比，能令他更加奋发拼搏、更加坚强振作、更加勇敢，不会走入歧途的无疑是看见他的人生缩略蓝图。

一个人在山间漫游，攀登到高处，回首时尽收眼底的是曲折蜿蜒的来路。我们走过人生的某个时期，甚至可能是走完了整个人生，才会理解我们的行动、成就与作品之间的真实关系，才会看清楚它们的因果链条与先后顺序，才会明白它们的价值。

由于我们自身固有的性格特点，我们的行动总会被动机影响，由能力的大小来决定。因此我们的行动从始至终都具有必然性，不管在什么时候，我们做的事都是当时在我们看来正确的、恰当的事情。

我们行动的后果是什么，直到产生结果的时候才会被我们注意到；我们只有全面总结才能把事情的过程与始末弄清楚。

也许我们会创作出不朽的名作，也许会完成千秋大业，但我们在成就伟业时全然没有意识到这点。在当时，哪种行动适合我们，哪种行动与我们的意图相符合，哪种行动在当时是正确的，我们就会采取哪种行动。

但是我们的个性与能力是在事情之后，经由环环紧扣的过程被总体彰显出来的。我们如果在此时仔细观察，便会在守护之神的引领下，踏上唯一的正路，躲过条条岔路。

这些不但在理论上成立，也适用于实践中。从反面来看，同样适用于对那些失败的尝试以及愚蠢的选择做出解释。在当下，想要看清此时此刻的重要性是很难的，唯有等到很久之后才能看清。

5.正确对待现在与未来的关系，对人生智慧来说是一个重点，不能只看重现在，也不能只看重未来。有些人过于关注现在，他们的生活轻狂敷衍；而有些人过于关注未来，他们的生活充满了担忧。能对此完美掌握的人极少。

有的人，他们有太多的愿望，为此而不懈努力，他们永远活在未来，只盯着前方，时刻准备朝着将要发生的事冲过去，好像只有那些将要发生的事才会给他们带来真正的幸福。

在这么做的同时，他们对现在漠不关心，对眼前无动于衷，任凭当下就这样一去不复返。这些人看似精明，实际上与那些驴子并没有区别，只要在驴子前头拴一根挂着一束干草的棍子，让驴子总能看到这束干草，驴子就会为了能吃到它而跑得快起来。

他们这些人自我欺骗，整整一生都是姑且活着罢了，直到死去为止。

因此，我们不应对未来时刻充满担忧，忙于计划，也不应该一直沉迷于过去无法自拔。我们要切记一点，只有现在才是真实的，只有当下才是能确定的。其实，我们所想的未来与其到来时的真正面貌截然不同。

事实上，我们所想的过去也与真正的过去不同。总之，不管是过去还是未来，它们实际远没有看上去那么重要。

我们的眼睛所看到的事物会因为遥远的距离而被缩小，我们的思想所接收的事物会因为遥远的距离而被放大。只有现在不是虚幻的，而是真实的。真正成为现实时间的只有现在，我们的生命只在当下存在。

对现在，我们应时刻心情愉悦地去欣赏，对可以忍耐的每个时刻、无痛无忧的每段时光，我们都应头脑冷静、从头到尾如实地去享受。

换言之，我们不能让眼下因为惨淡失败的过去而消沉黯淡，也不能让现在因为担忧未来而失了光彩。

忧心未来，懊悔过去，当下的好时光就这样被白白辜负，被肆意破坏，这样的行为简直愚蠢至极。该担忧的可以担忧，该懊悔的可以懊悔，但不管是担忧还是懊悔，都各有该发生的时候，担忧与懊悔之后，对已发生的事情，应抱有这样的想法：

> 已发生的事，
> 让它过去。
> 无论多痛苦，
> 我定要心平气和。

——荷马《伊利亚特》

对未来的事，则应抱有这样的想法：

它们在神灵怀中。

——荷马《伊利亚特》

而对现在，则应该"应过每日如度一生"（塞涅卡，《书信集》），应尽可能地使唯一真实的时间愉快起来。

我们只有一种有关未来的苦难需要担忧，就是那些确定会发生的，而且何时发生也同样能够确定的。但这类苦难极为罕见。

苦难通常都只是有可能发生，严重点就是发生的可能性很大，或者是一定会发生，但无法确定何时发生。要是有人担忧这两类苦难，那么他就会片刻不宁。

所以，我们必须以这样的态度去看问题：未必会发生的，就当成永不会发生；不确定会不会发生的，就当成近期不会发生。只有这样，我们平静的生活才不会被那些未必会发生以及不确定会不会发生的苦难所打扰。

我们对失去平静越是畏惧，心神就越容易被欲望、索求以及意愿搅乱。我们想要获得心灵的安宁，回归单纯原本的自在，那么我们就应该驱走所有可能的索求。

人生幸福的基础是安宁，只有心灵安宁，才会享受人生，才会欣赏现在。歌德的诗《我把一切建在虚无上》就是在表达这个意思。我们为了实现这一目标，应时时谨记：今日只有一回，绝不重来。

我们以为明日会再来，可这是不对的，因为明日是另一日，且也只来那么一回。我们生命的每一天都是不可分割的，也是不可被替代的，这一点总会被我们忘记。

我们总是认为，人生就是抽象的概念，抽象概念所指出的每一个个体就是每一天，而这个想法其实是错误的。

生病的时候，还有情绪低落的时候，我们都会因为回忆而开始对每个无病无痛、没有烦恼的时刻充满渴望，我们视它们为受冷遇的朋友、失去的乐园。如果此种感受在健康愉快的日子里我们还能记得的话，我们就会倍加珍惜现在，会好好地享受现在。

遗憾的是，我们只有经历了不好的日子，才会渴望好日子重新来过，却忘记了在之前我们也曾有过美好的日子。

曾经有那么多愉快明朗的时光，我们却苦着一张脸任由它逝去，完全没有享受到；在凄苦的时光里，我们悲叹伤神，盼望着好时光能够重来。这样的生活态度是不对的。

我们不应如此生活，对现在的每一刻，就算日子是平淡的，平淡到我们不愿费心也厌倦应对，我们也应该分外珍惜。

我们要时刻牢记，现在正在成为过去，倘若它入驻昔日神殿，便会化为永恒，存于记忆之中。等到有一天，尤其是坏日子到来之时，记忆的帷幕被拉开，我们会对它有一种发自肺腑的渴望。

6.约束能够成就幸福。我们的见闻、行为与所能接触到的范围越小，我们的幸福就越多；接触到的范围越大，我们的烦恼与痛苦也就越多。

这是因为，随着范围的扩大，我们的愿望、担忧与恐惧也会增多。我们总是能在盲人的脸上看到温和的平静，那种平静近似愉悦，可见失明并没有我们所想的那般不幸。

在某种程度上正是由于这条规律，与前半生相比，我们在后半生会更加痛苦。那些我们想要实现的目标，会因为人生的发展而离我们越来越远，我们也会建立越来越多的关系。

幼年时，我们的见闻、作为以及所接触到的，其范围不会超过离我们最近的环境、与我们最亲近的关系；等到了青少年时期，这个范围已经大幅扩张；成年后，我们一生的轨迹都在这个范围之内，更有甚者还会涉及我们与其他国家、民族之间的关系；等到了老年时，我们的后人也被纳入这个范围之中。

不管怎么说，把范围缩小，包括缩小精神范围，对于促进我们的幸福总是有所助益的。因为意志浮躁越少，我们所遇到的痛苦也就会越小。诚如我们所知，苦难是正面的，而幸福则纯为负面的。

那些给意志带来躁动的外在刺激，可以通过收缩活动范围来消除；而那些会给意志带来躁动的内在刺激，则可以通过收缩精神领域来驱除。

但是要注意，收缩精神领域的话有一个缺点，那就是无聊的大门会被开启，无数痛苦会随之而来。这时世人会抓住每一种方式来打发无聊，而他们打发无聊的方式是游戏、奢华、宴会、社交、娱乐等，而这些能带来的却是种种损伤、伤害以及不幸。"闲者难享安宁。"

诗人们惯于用田园诗来描绘幸福生活，他们笔下描述的环境极为有限，非常简单朴素，由此可见，想要获得最大限度的幸福，外在的约束所起的作用非常重要。

在欣赏那些所谓的田园诗时，我们所感受到的那种发自肺腑的愉悦感是幸福感的基础。

为了与其相适应，可以选择单一的生活方式、尽可能简单的人际关系，只要不会因此觉得无聊，我们就会从中感受到幸福。这种选择使我们对人生的感受是最低限度的，因此感受到的人生的负担也更少。如此一来，生命宛如一条平静的小河，静静流淌，不起旋涡，不兴波澜。

7.苦与乐，说到底是由我们的意识之中充满什么以及忙于什么来决定的。总之，对那些能从事纯理智活动的人来说，只要他们这个活动是纯理智的，那么他们从中所获得的愉悦就远比在现实生活中获得的多。

成功与失败在现实生活中不断来回交替，每一次交替都会带来一阵动荡与烦恼。当然想要从事纯理智的活动，必须具有卓越的精神。

在此提醒一下，我们会因为面向外界活动而分心，在诱惑下从书房中离开，从事纯理智活动需要的专注与安静也会被夺走。

从另一方面来看的话，我们对现实忙碌生活的应对能力同样也会被连续的精神活动削弱。所以，倘若环境由于某种需求，需要我们对某个实际行动全力以赴的话，那么我们应该暂停纯理智的活动。

8.我们应该对我们的作为、体验、经历以及所获得的感受进行反复总结与回顾，对我们当时做出的判断与现在做出的判断进行比较，对我们的心愿与努力，同结果以及结果带来的满足感进行比较，这样我们才能从亲身经验中汲取所有的教训，才能对生活完全做到明辨慎思。

每个人都经历过这样一对一的授课，这样的课堂是重复开设的。我们可以将自身的经历作为文本，而评注就是我们的认知与反思。

经历少，反思深，认知广，就好比这样一本书，文本每页不过两行，但评注却有四十余行。

反过来看，经历多，反思浅，认知窄，这就好比是厚重的、没有注解的典籍，大部分内容难以理解。

以上建议也符合毕达哥拉斯说的这条准则：每夜入睡前，应对白日的行为一一审视。有的人，沉溺享乐，或者忙于生意，他们忙忙碌碌地生活，对过去根本不曾回味，他们再不会明辨慎思。他们的思想与情感都一团混乱，最直接的表现就是：他们言谈冒失、不连贯、破碎。受到外界的干扰与刺激越多，他们的精神活动越少，而混乱的情况也会越发严重。

在此要说一下，因为时过境迁，当时的环境与情景所激发出的情绪与感情，我们是无法召回也无法复原的。但是我们在当时环境与情景下所发表的相关评论，倒是很有可能被记下来。

这些我们自身做出的评论，是环境与情景的表达与结果。所以有保存意义的是我们在值得思考的时候所做出的评论，我们应当在纸上仔细地记录下来，或者在记忆中认真地保存好。日记对此显然十分有用。

9.幸福的首要条件是自给自足、自得其乐，自身就是一方小天地，能喊出"我有能力独自承担所有的自我"。亚里士多德曾说过："幸福为自得其乐者所有。"（《优台谟伦理学》第7卷第2章）我们对此应反复诵读。

我有两个理由这样说：第一，除了我们自身，再没有别人能靠得住；第二，有各种各样躲不过又数不清的困难、烦恼、挫折、危险都是由社交群体带来的。

投身于繁华世界,如王公贵族一般生活(high life),以为这样就能获得幸福,殊不知这样做错得离谱。这样的生活妄图改变我们人生的苦难,把它们变成乐趣、快活与享受,自然只能收获失望。而相互欺骗与这种生活是形影不离的,失望是必然的结果。❶

首先,不管是什么样的社交群体,都要求所有成员相互适应、彼此接纳,所以规模越大的社交群体,越会让人觉得索然无味。想要完全回归自我,就只能等到独自一个人的时候,如果不喜欢孤独,那么也就是不喜欢自由,因为自由是只有独自一人时才能享有的。

不管是什么样的社交群体,群里每一个成员都要做出牺牲,个性越鲜明,牺牲越惨烈。面对孤独,不管是忍耐、喜欢还是逃避,都是彻底与其自身价值相吻合的。

总之,这是因为人人都会在孤独中看到自己的本相——卑鄙者看到了自身的全部卑劣,伟大者看到了自身的所有伟大。此外,一个人的品阶被自然排得越高,他就会不可避免地越发感到孤独,这是理所当然的。

所以,如果身体与精神上的孤独两者相符合的话,对其会

---

❶ 我们的心灵藏于谎言之中,如同身体掩在衣服之下。我们的全部本性,我们的言谈举止,全都具有欺骗性,只有透过种种遮掩,我们真实的想法偶尔才会被别人猜到,就跟我们的身材体态只有透过衣服才能猜测得到一样。——叔本华注

有颇多助益，否则的话，他身边就会挤满了异类，这些异类会对他横加干扰，更有可能会与他为敌，还会把他的自我夺走而不给予任何补偿。

人们在理智与道德方面因为自然的给予而有着天差地别，但与其说社交群体无视这些差别，意图用同一个标准来做标尺要求每一个人，倒不如说社交群体无视自然的差别，人为地给每个人划分品阶，但其所划定的品阶通常与自然所给予的截然相反。

天赋能力低的人品阶高，而少数天赋能力出众的人却品阶低微，这就是社交群体所划分的等级。

也正是因为这个，那些天赋能力出众的人更喜欢远离人群，一人独处。所有的社交群体，成员过多的话，就会被平庸的人掌握。

那些心灵伟大的人痛恨社交群体，因为尽管社交群体中的每个人能力不一样，对社交群体所做出的贡献也不同，除此以外还有别的差别，但是社交群体里的每个成员都可以享受相同的权利，每个人都可以提出相同的请求。

各种优点强项在所谓的上流社会中都能被接受，唯一例外的就是杰出的精神，像是违禁品一样。我们必须对各种各样愚蠢的言行与荒谬粗鲁无限地忍耐，这是一项义务，是上流社会强加给我们的。

我们所具有的杰出的个人特质，要么必须请求别人原谅，要么就得深藏起来。因为杰出的精神什么都不用做，只要存在的话，就能使别人受到伤害。可见，实际上所谓的上流社会的聚会乏味无趣得很，它非要把不可爱也不值得敬重的人推到我们面前。

此外，我们任性恣意，我们坚持自我，这也是社交群体所不允许的。它反倒强迫我们和别人一样，哪怕我们因此而枯萎变形。聪明的想法、机智的言谈，在那些平凡普通的社交群体中只会引来憎恶，它们适合的只有机智聪明的社交群体。

平庸的社交群体欢迎的只会是普通无趣、冥顽不灵的人。我们如果处在这样的社交群体之中，那么必须严格克制自己，我们必须抛弃自身的四分之三，才能与别人相似。

我们这样做固然能得到别人的认可，但我们自身价值越高，越会觉得这是赔本买卖。因为大众通常都是普通人，也就是说，和他们在一起，我们白白做了自我牺牲，除了忍受无聊与厌倦，再也没有任何收获，完全得不偿失。

这种情形差不多所有的社交群体中都有，因此离开社交群体、回归孤独才是明智的选择。况且真正的优秀是精神的优秀，在社交群体中很难看到，社交群体对它无法容忍。

社交群体接受了一种优秀来做替代，而这种优秀是不真实的、虚假的，仅仅凭借约定，多盛行于达官显贵的圈子之中，规则随意，可以像符号一样任意改变，也就是所谓的时尚与高雅。

只要一遇到真正的优越，它虚弱的本质就会被暴露出来，而且，"高雅品位初登场，健全常识遂退席"。

对一个人来说，不管是与朋友还是与伴侣，都无法实现最完美的和谐，能达到这种境界的通常只有他本人，因为不同的个性与脾气，多少还是会造成一些不和谐。

在尘世间，深沉真实的心平气和与完全彻底的安详平静，这两者是除了健康之外最大的幸福，只有在孤独中才能找到它们，只有彻彻底底地远离人群、一人独处才能长久拥有。

如果拥有丰富且伟大的自我，那么不妨远离人群，这样就能在这个可怜、可悲的星球上寻觅到最大的幸福。人与人会因为爱情与婚姻而紧密相连，可是尽管如此，能让每个人彻底坦诚的只有自己，除此以外，最多再算上其子女。

不管是主观原因还是客观条件，我们的处境会因为减少与人打交道的必要性而变得更好。我们就算感受不到孤独与寂寞所带来的苦难，也能看个分明，因为它们对此从不掩饰。

而社交群体则不一样，它狡猾又阴险。从表面来看，沟通、娱乐、愉快的社交等，都是由它所带来的，但实际上，撕下那层表皮，便会露出藏于其下的那无药可救的、巨大的痛苦。

少年人的主课应该加上一门，那就是教他们学习如何忍耐孤独，因为孤独是幸福与安宁之源。

由此我们可以推断：人生最佳境界，莫过于万事靠自己，自成天地。西塞罗都说："那些只靠自己，自身拥有一切的人必然非常幸福。"（《斯多亚哲学的悖论》第2卷）

一个人如果自身拥有越多，那么别人的价值对他来说就越小。那些内心丰富、有内在价值的人，他们会感受到一种彻底的自我满足感，正是因为这份自我满足的感受，他们才不会为了加入别人而去奉承别人的要求，去做出自我牺牲，他们更不会为了加入别人而刻意克制自我。

那些凡夫俗子则不同，他们缺乏自身价值，内心贫瘠，因此更愿意去迁就别人，也更容易合群，换句话说，他们认为，与忍耐自己相比，忍耐别人更容易。

还有一点，那就是真正有价值的人在这个世界上不被重视，被重视的却是那些没有价值的人。那些超凡脱俗的人离群索居，正是因为这个缘故，也证明了的确如此。

总之，我们可以得出这样一个结论：对一个自身确实具有价值的人来说，他应该具备人生真正的智慧，这种智慧就是为了保护自由，或者为了得到更多的自由，他在必要时应对自己的各种欲求进行约束。为了做到这一点，他应尽可能减少对身体的顺应，有多少减少多少，因为身体必然会与人世有丝丝缕缕的关系，这是无法避免的。

从另一方面来看，人们之所以会合群，是因为他们对孤独难以忍受，难以忍受孤独的自我。他们的内心充满了厌倦与空虚，于是他们加入社交群体，也因此开始踏上旅途，走向世界。

可惜他们心灵的双翼是软绵绵的，没有在空中翱翔的力气，于是他们企图在酒精的刺激下来飞行，很多人因此成了醉鬼。他们离不开外界的持续刺激，特别是来自同伴的刺激，也就是最强烈的刺激。他们的心灵会因为缺乏这种刺激而一蹶不振，自身的重量会把他们压垮。❶

也可以这么理解，他们只有聚在一起才符合人的概念，因为他们每一个人都只不过是一个碎片，每一个人都要从别人那里得到补充，这样才能在某种程度上得到一个完整的人的意识。

那些优秀的人则完全不同，他们自身就是完整的人，不是

---

❶ 人人皆知，倘若苦难众人一同承担，那么就会变得轻松。而人们显然视无聊为苦难。因此，他们聚在一处，只是为了打发无聊时间。说到底，热爱生命乃是因为怕死。而人的合群也是如此，不是直接的本能，即并不是因为喜爱社交群体，而是因为害怕孤独。人们之所以聚在一起，目的不是让其他人优雅地出现在面前，而是为了从独处的惶恐与寂寞中逃离出来，挣脱自身意识思想的无聊单调。人们宁可去忍受恶劣的社交群体，也要逃离这些，而不管是哪类社交群体，只要忍受就必然会生成强迫预付单。另一种相反的情况则是，只要反抗这些的意志获得胜利，就会逐渐习惯孤独，不会因为孤独带来的直接影响而动摇，孤独也就再不会有这样的作用。此时，能够一直独处，也会无比愉悦，对社交不再渴望。一方面是因为社交的需求并不是直接需求，另一方面也是因为此时已习惯孤独善良特质。——叔本华注

碎片拼成的，而是自成一体，自足又自在。

从这方面来看，那些普通社交群体就像俄罗斯管乐一般，每一把号只能吹奏一个音符，如果要演奏乐曲的话，所有的号必须同时齐奏才行。

大多数人的精神与感觉就如同这类吹奏单音符的号角一样，都是单调的。他们当中的绝大部分，仿佛没有产生其他思想的能力，总是只有同一想法。

所以，他们是那么无聊，那么合群，像羊一样聚在一起是他们最喜欢做的。人类的合群性就是这样。

他们中的每一个人本质上都是单调的，对自己的愚蠢言行无法忍受，他们自我厌弃，他们和那些俄罗斯管乐手一样，只有聚在一起，联合起来，才会成为某个事物。

那些聪明有智慧的人则完全相反，他们就像是能独自开音乐会的演奏大师，他们就像钢琴一样，因为钢琴可以被看作一个小乐队，而那些聪明有智慧的人自身就是一个完整的小世界，其他人需要合力才能组成一个完整的意识，而他自身本来就是一个完整的意识。

他和钢琴一样，并不是作为交响乐队的一部分而存在，他自身就能独奏，他适合孤独。如果跟别人合作，他就像钢琴一样，主旋律必然是由他来演奏，其他人来为他伴奏；如果演奏的是声乐，为歌唱来定调的必然也是他。

热爱社交的人可以从中得出一条准则：倘若身边的人品质不行，那么必须凭借数量在某种程度上获得补偿。聪明有智慧的人，身边有一个就足够了，但既然只有平庸之辈在身边，那么也不失为一件好事。

由之前提到的俄罗斯管乐便可以知道，人数变多了，样式自然也会变多，一起合作就会有一点东西产生。但愿上天赐予了他这份耐心。

然而，还有一个后果是由人类内心贫瘠与空虚造成的。那些比较优秀的人，他们会为了实现理想的、高尚的目标而联合起来。不过这样联合起来的团体结局也差不多总是如下所述。

那些数不清的平庸之辈几乎覆盖了一切，他们无处不在，不管不顾，时刻准备掠夺一切来满足自己的欲望。他们同样时刻想要占领一切团体来打发无聊。

所以，高尚的团体刚建立起来，少数平庸的人不是无声无息地混进来，就是强硬地挤进去，于是用不了多长时间，这个团体如果没有被彻底毁灭，也会面目全非，与成立时截然不同。

人们在天寒地冻的时候，会挤在一处，凭借彼此的体温来相互取暖。合群其实也是彼此取暖的一种方式，但合群的取暖依靠的是心灵。不过，这类聚集对自身精神强大且温暖的人而言，完全没有必要。

我写的一篇寓言，也是在说这个道理。❶我们可以得出这样的结论：一个人合群的程度，大体上与他在心智上的价值成反比；我们说一个人"落落寡合"，差不多就等同于在说这个人"卓尔不凡"。

独处对那些才智杰出的人来说有两个好处：一个是与自我相处，另一个则是不必与别人相处。

只要想一下与别人相处所带来的烦恼、强迫与风险有多少，我们就能够理解第二个好处是何等珍贵。如拉布吕耶尔❷所说："万般烦恼皆因不能独处而生。"

强迫自己合群的那些人，不是头脑迟钝，就是思想混乱，具有危险的倾向，更有甚者有败坏的倾向。而那些孤僻不合群的人，不需要别人。

一个人，如果他自身丰富，不需要社交群体，那么对他来说，这其实就是巨大的幸福，因为几乎我们所有的痛苦都是社交群体带来的。

---

❶ 在寒冷的冬日，一群豪猪为了避免冻僵挤在一起，它们想要靠彼此的体温来抵抗寒冷。然而它们很快就会分开，因为彼此锐利的尖刺。然而为了取暖，它们又往一处挤，又再次感到带给彼此的刺痛。豪猪们就这样在刺痛与寒冷这两种痛苦中翻来覆去，直到找到最适合彼此，也最有利的距离。——叔本华注

❷ 拉布吕耶尔（Jean de La Bruyère，1645—1696），法国哲学家。

况且除了健康，安宁是幸福的第二要素，然而不管是哪一种社交都会损及安宁，没有了极度的孤独，自然也就不会有安宁。

犬儒派哲学家为了确保享受安宁而放弃了所有的财产，倘若有谁为了同样的缘故而脱离社交群体，那么这个人无疑是做了最聪明的选择。

贝纳尔丹·圣皮埃尔[1]说："饮食节制，身体健康；交往节制，心神安宁。"这句话说得优雅得当。因此，与孤独早日交好，甚至喜爱孤独，那么我们就拥有了一座金山。但这一点并不是人人都能做到的。

一开始，众人聚集是因为困窘所致，可困窘被消灭后，人们又因为无聊而聚在一处。如果没有困窘，也没有无聊，那么孤独大概会是每个人的选择，因为只有在孤独中，环境才会去适合每个人的独特性与重要性。

在自己的心目中，我们每个人都是唯一的，但我们每个人的独特性被这个纷扰喧闹的世界压榨得干干净净，独特性在这个世界上每迈出一步都很痛苦，因为每一步都会被排斥。

孤独从这个意义上来看，可以说是每个人的自然状态，因为每个人如同初生的亚当一般孤独，每个人得以重享与其本性

---

[1] 贝纳尔丹·圣皮埃尔（Benardin de St. Pierre, 1737—1814），法国作家、植物学家。

符合的、原本的幸福。

可亚当无父无母！从另一个意义上来看，人来到世间的时候，并不是单独的，他有父母，也有兄弟姐妹，还有社会。换言之，孤独并非人自然拥有的状态。

所以，如果喜欢孤独，那么这必然不是最初的喜好，而是源于人生的经历以及对经历的反思。人的自身精神有了一定的发展，同时随着年龄的增长，之后才开始喜欢孤独。

也正是因为这个缘故，有没有合群的冲动与年龄大小成反比。幼儿单独待几分钟就会因为害怕而哇哇大哭，独处对儿童来说，就好比是又漫长又枯燥的忏悔。少年们彼此结交很容易，他们当中会追求片刻独处的只有聪明高贵的那些人，但独处一整天对那些高贵聪明的人来说也是很难的。

成年人如果要一整天独处的话很容易，他们有很长时间都是独自度过的，越是年龄大的人，越是能独处。

独留世上的老者，与其同时代的人皆已消失，随着年龄的增长，他的生活要么已经褪色，要么已经消失不见，孤独对他来说再合适不过。

但是，是否会越来越喜欢孤独与独居，这要看他的心智价值有多高。

我们在之前提到，喜欢孤独并不是直接源于需求，并不是自然的、纯粹的，更多是源自人生的经历以及对这些经历做出的反思，尤其是源自一个特别清晰的所见，也就是大部分人心智低下、道德卑劣。

道德卑劣与心智低下狼狈为奸、沆瀣一气，各种龌龊的乱象因此而生，这是他们做得最恶劣的行径。因此与这些人相处，我们不仅没有丝毫乐趣可言，而且连忍耐都无法做到。

可见，这个世上坏事固然不少，但社交中的坏事无疑是最坏的。甚至连伏尔泰那么喜欢社交的人都说过："地球上，坐满了不值得与之交谈的人。"彼特拉克性格温和，也一直热爱孤独，他的理由同样如此：

> 我一直追求生命的孤独，
>
> 河流田野森林皆可为证：
>
> 只为躲避那些愚钝傻瓜，
>
> 天国的路径他们找不到。

他在《论索居》中也表达了同一个意思。齐默曼[1]似乎就是参照彼特拉克的这部作品创作了有关离群索居的著作。

尚福则用他所特有的嘲讽的腔调指出，有关离群索居的来

---

[1] 齐默曼（Johann Georg Ritter von Zimmermann，1728—1795），瑞士作家、医生。

源纯粹是间接的、次生的。❶他是这样说的:"世人常言,索居离群之人不喜社交。其实,这就好比是在说:某人不喜散步,只因为他不喜晚上周游邦迪森林。"❷

而性子温和的西勒修斯❸,用神秘的语言以及他特有方式表达了同样的意思:

希律是敌人,

神让约瑟在梦中得知危险。

伯利恒是俗世,

埃及是孤独之所,

快逃,我的灵魂!

否则你将死于痛苦。

布鲁诺❹也表达过同样的意思:"愿像在天国一般于地上

---

❶ 在《蔷薇园》中,萨迪表达了同样的看法:"我们从那时起,就告别了社会,踏上了离群索居之路:因为在孤独中才会安全。"——叔本华注

❷ 中世纪时,法国邦迪森林夜间常有劫匪出没。

❸ 西勒修斯(Angelus Silesius,原名Johann Scheffler,1624—1677),德国神秘主义者、医生、诗人。

❹ 布鲁诺(Giordano Bruno,1548—1600),意大利哲学家、数学家、诗人。

生活的所有人，都在对我发出同一个呼唤：听着，我必然逃离，独自索居。"

而萨迪❶，这位波斯诗人在《蔷薇园》中这样描述自己："我那对大马士革厌倦的朋友，到耶路撒冷附近的荒漠隐居吧，与禽兽为伴。"

总之，他们这些人所表达的都是同一个意思，普罗米修斯❷创造他们的时候必然用了优质泥土。

优秀的人与周围其他人仅有那么一点关系，这一点关系只不过是因为本性中最粗鄙低级的成分，而这些成分是日常的、琐碎的、庸俗的。

而周围其他人的层次是无法与优秀人士相提并论的，根本无法处在同一个级别，除了尽可能地拉低优秀的人，让他们处于同一个层次，他们再没有其他办法可行。因此他们企图把优秀人士从高处拉下来。

而他们正是那些组成社交群体的人，优秀的人和他们在一起相处，又哪里会有什么乐趣可言？所以，对索居独处这一倾向进行培养的，其实是一种高贵感。那些合群的人因为讨好乞怜，几乎个个卑微。

---

❶ 萨迪（Sa'di，1208—1292），波斯诗人。

❷ 普罗米修斯（Promētheus），希腊神话中最具智慧的神明之一，据说创造了人类。

而高贵的人则完全不同，一开始他们就对周围的人没有好感，他们对离群独居表现得越来越喜欢，之后年龄渐长，他们也逐渐领悟到一点，除了极为罕见的个例，这个世界上只有两种选择，要么是孤独，要么是庸俗。

哪怕柔和的西勒修斯，也不得不说出这样一句刺耳的话：

> 孤独无法避免，
> 倘若你不庸俗，
> 不管身在何处，
> 皆能活在荒漠。

对全人类而言，那些心灵伟大的人才是真正的导师，他们对与人相聚基本没有兴趣，对他们来说，这是再自然不过的事了。

他们和那些教育家一样，为了能够和身边喧闹的孩子一起嬉戏玩耍，他们需要付出努力。

那些心灵伟大的人，他们来到这个世界上是有使命的，他们需要把在谬误之海中漂浮的世界引向真理之洋，需要引导世界走出低俗与野蛮的深谷，需要指引世界向着光明、高尚、有教养走去。他们不为世人所有，却不得不在世人中生活。

尽管在年轻时，他们对自身的与众不同已有所察觉，但直到年纪渐长他们才会逐渐把真相看清楚。

一旦认清事实，他们就会用心远离世人，这种远离是双重的，不光是精神上的，连身体上也是这样，不管是谁都不能接近他们，除非这个人也或多或少地挣脱了众人普遍具有的庸俗。

以上种种，旨在说明孤独并不是原本的冲动，并非直接的，恰恰相反，喜欢孤独倒是间接的，多在具有高尚精神之人身上能看到，因为它源自间接发展，所以它必须克服一种自然的冲动，即合群的冲动，有时候还要去抵抗梅菲斯特这个魔鬼在耳畔的诱惑：

> 放弃吧，莫再展露你的忧伤，
>
> 它如秃鹰般把你的生命吞食；
>
> 再卑劣的人群也会令你感到，
>
> 你是人，当在众人中生活。

精神卓越的人注定是孤独的，偶尔他们也会抱怨，但权衡利弊之后，孤独依然是他们的选择。

他们在年龄增长之后，对于这个问题，"勇于做出聪明的选择"也变得越发容易、越发自然。实际上一个人在六旬以后，喜欢孤独与本性相符合，甚至可以说是与本能相符合。

因为所有的一切在这个时候都开始联合起来，来对喜欢孤独起促进作用。促进合群的最大动力是对性的渴望与对女人的

第五章·忠告和箴言

喜爱，而这些在这个时候已经不起作用了。人到了老年，性欲就不再有，这是自我满足的基础，而对社交的爱好逐渐因为这种自我满足而全面消解。

到了这个年龄，人已能脱离各种幻相，告别各种愚蠢，曾经活跃的生命已经差不多被消磨干净，什么期待、目标、计划已都不再有，属于他的时代已经不在了，活跃在周围的，对他来说是陌生的时代，从客观上、本质上来说，他已经习惯独处了。

时间流逝得更快了，但在精神方面，他依然想利用时间。此时只要头脑还有思考力，不管是学什么，对他来说，都会是前所未有的轻松与有趣。

因为，众多知识，他已获得；诸多经验，他已积累；种种想法，他已日趋完善成熟；运用各种能力的技巧，他已驾轻就熟。往昔如在云雾中的万般事物，如今他能一目了然。

他一一得出结论，感受到了自身的优越。他早已不对别人抱有多大的期望，因为他已久经历练，总之，他熟悉的人在周围已经看不到。他明白，除了罕见的幸运是个例外，他遇到的那些都只是有问题的样本，这些样本通常在人性上残缺得让人无法忍受，最好的应对方式就是不与他们有接触。

因为他不再被常见的幻象捉弄，所以他很快就能看清楚每个人的真面目，也就不会有深入交往的愿望。他到最后会对离群索居越来越习惯，甚至会使其成为自己的第二本性。

如果在年轻的时候，孤独就是他的朋友，那么现在则更是这样。以前，要是想拆开对孤独的爱与对合群的本能，那非得生拉硬扯才行；现在，喜欢孤独简单自然：在孤独中生活，就如同鱼儿在水中生活。

那些超凡脱俗的人，那些卓尔不群的人，他们个性卓越，必被孤立。他们年轻时会因为独居而感到压抑，而等到年老后他们会因为独居而倍感轻松。

年老之人实际上具有多大的优势，这是由他们的精神到底能有多强来决定的，因此在头脑出类拔萃的人身上，这种优势更为明显。

虽然理论上是这样的，但实际上大概每个人身上都能体现出上了年纪的优势，只不过程度有所不同而已。那些上了年纪之后，对社交还一如既往地喜欢的人，必然只会是那些在本性上卑鄙粗俗至极的人。他们早已成了累赘，早已不适合社交群体了。他们从前是被社交群体追捧，而现在最好的情形就是被社交群体容忍。

在前文中我们提到，合群的程度与人们的年龄成反比，合乎目的论是我们从这个关系中能看到的一个方面。越是年龄小，需要在各方面学习的功课也越多。

因此，他在天性的驱使下走进课堂去学习人与人之间的互动交往，而每个人在和同龄人的相处中学习这门功课。从这个角度来看，我们可以用贝尔—兰卡斯特式大课堂❶来理解人类社会。

书籍与学校不是自然的计划，因而它们是人为的课堂。越是年龄小的人，越应勤于学习自然提供的课程，此种做法与目的相符合。

贺拉斯说过："十全十美的幸福不存在。"印度也有一句类似的格言："未见无茎之荷。"固然孤独有众多好处，但亦有小小的不足与缺点。但如果将孤独的缺点与社交相比，那简直不值一提。

因此，但凡自身具有一些真正能力的人，他们会发现：周围没有人的时候，心情会愉悦轻松；然而需要和人相处的时候，总是不断有烦恼。在此顺便提一下，孤独有若干缺点，但有一个与其他的缺点不一样，它很难被我们意识到。

这个很难被我们意识到的缺点就是：我们的身体会因为长时间的闭门不出而变得非常敏感，极易受外界影响，会因为略受点凉而生病；我们的心灵同样也会因为长时间的索居独处而变得分外敏感，会因为不值一提的小事、言论，甚至还有表情

---

❶ 英国教育家贝尔（Andrew Bell）与兰卡斯特（Joseph Lancaster）创建的教育体系，特色是：将能力相对比较弱的学生交给能力比较强的学生来辅导。

人生的智慧

而烦恼不安，甚至会因而受到伤害。而对那些一直生活在喧哗热闹中的人来说，他们对此根本留意不到。

对有些人来说，尤其那些年纪比较轻的人，他们对众人有正当厌恶的理由，常会为此借孤独来逃避，对孤独的单调，他们又无法长时间去忍耐。

我建议这类人：培养独处习惯，在社交群体中保留一部分孤独，这样一来，就能学会一点，哪怕是在社交群体中依然能保持某种程度的独处。不要立刻把自己的想法告诉别人，对别人所说的也不必当真。

不管是在道德上，还是在理智上，都不要对别人抱有过高的期望，这样一来，就能使自己对待别人如何看待自身这方面的冷漠态度得到巩固。包容是每个人都会称赞的，而保持包容最好的方式素来就是冷漠。

这样做的话，尽管他身处社交群体之中，但并没有完全融入其中，他对待社交群体的时候，能做到纯粹的客观；这样做的话，他不必与社交群体密切接触，不会受到来自社交群体的污染，也更不会受到来自社交群体的伤害。

莫拉丁[1]在他的喜剧《咖啡馆或新喜剧》中对这种有节制或者说能自我保护的社交做了一番生动的描述，很有一读的价

---

[1] 莫拉丁（Leandro Fernández de Moradín，1760—1828），西班牙作家、翻译家、诗人。

值。彼得罗这一角色值特别值得我们关注,第一幕的第二场与第三场尤为重要。

从这个意义上来看,我们可以把社交群体比作火焰,借火取暖,会与火焰保持合适距离的自然都是聪明人,只有傻瓜才会冒冒失失地闯入火中,被火烧伤,然后再跑到寒冷中,逃进孤独里,去对人哭诉大火伤人。

10. 嫉妒属于人的天性,可纵然如此,它依然是丑陋的,也是不幸的。❶我们应把嫉妒看作幸福的敌人,要像对待恶魔一样努力把它掐死。

塞涅卡对此给予我们极妙的指导:"我们的日子倘若不跟别人比,就会过得不错;倘若见不得别人比自己幸福,那么自己就永远不会幸福。"(《论愤怒》第3卷)此外还有:"倘若看到那么多比你过得好的人,那不妨多想想不如你的人。"(《书信集》)

因此,那些过得不如我们的人,我们应该多想想。而有些人看上去比我们过得好,但那其实只不过是表象而已。

当真正的厄运降临之时,想想那些比我们受到更多苦难的人,我们就会因此而得到莫大的安慰,就算这种安慰实际上与

---

❶ 妒火中烧,以此成语来说明他觉得自身是多么不幸,对他人的行为时刻注意,流露出对自身深深的厌倦。——叔本华注

嫉妒同出一源。再与那些和我们拥有相同处境的可怜人在一起，我们也会从中得到安慰。

有关嫉妒的主动性，我就说这些。接下来，我们看看嫉妒的被动性，嫉妒超过了所有的仇恨，它是不可被消除化解的。因此我们不要一而再、再而三地去招人嫉妒，也不要因为被人嫉妒而感到高兴。

有的人因为被别人嫉妒而感到快乐，我们要做的刚好相反。只要好好想一下嫉妒所带来的危险后果，这种享受我们还是应该放弃，这才是上策。

优秀被分为三种：（1）血统上的优秀；（2）财富上的优秀；（3）精神上的优秀。其中最尊贵的是第三种，精神上的优秀，只要给予一定的时间，世人终会承认它是最尊贵的。

有一次，在腓特烈大帝举办的宴会上，将军大臣与宫廷总管同席而坐，而伏尔泰却与王子和大帝同席。总管对此颇有微词，腓特烈大帝则说道："天才的地位可比帝王。"

不管人们具备哪方面的优秀，他们的身边都围满了对他们心怀嫉妒的人。这些人暗地里对所有优秀的人都怀揣憎恨，只要对方不是他必须畏惧的，他就会想尽法子让对方觉得："你并没有哪里比我们强！"但是他们的这种做法，却刚好暴露了一点，那就是他们相信自身不及对方。

遇到这种情况，被嫉妒的人应该远离嫉妒者，尽可能地不与他们有所接触，划出一道天堑来与他们保持距离。如果做不到的话，那么就镇定自若地随他们耍心思好了，能让他们有所行动的，也会使他们的行动瓦解掉。

这种做法是那些优秀的人通常会采用的。血统上优秀的人在大多数情况下不会嫉妒另外两类优秀的人，他们之间会相安无事，因为他自身所具备的优势能与其他两类优秀的人达到平衡。

11.在实施计划前，要对其进行周密分析以及反复思考。但是，就算是对所有情况都仔细考虑过，我们还是要承认一点，人类的知识总是会有不足之处，因此发生我们无法做出预见或者研究的情形是很有可能的。这种可能性会导致所有的计划都出错。

这个观点一直在强调事物的负面，它告诫我们，在处理重大的事务时，"若非必要，切勿更改；已定之事，莫要妄动"。

但是，如果计划已经被制订，那么行动的时候就要顺其自然，对结果要耐心等待。已经到了这种时候，那就不要再给自己徒增烦恼，就不要再反复思考那些已经发生的事，也不要再揣测可能会发生的风险。我们要做的应该是：把事情彻底放下，停止所有的思考与忧虑，保持平静，相信自己对一切已经做了及时的、彻底的权衡。

"缰绳系好，放手前行。"这句意大利谚语说的也是这个意思。而德语把这句谚语翻译为："鞍鞯配好，愉悦出行。"在此提一句，歌德书中的那些谚语，多数是对意大利谚语的翻译。

倘若得到的结果不好，那是因为人与事总会有偶然性与错误。苏格拉底堪称是最有智慧的人了，但为了对个人的事务做出正确的处理，至少为了不出错，他还要求助能对其发出警示的神明。这便对人类理智的不足做出了证明。

据说曾有一位教皇说过这样一句话："从某种程度上来说，我们所遭遇的各种不幸分明是自找的。"

这个说法不能说一直是正确的，但在通常情况下还是有道理的。世人对自身的不幸尽力去掩盖，因为他们对教皇所说的话颇有感触，因此极力表现出一副很满足的样子。别人会因为他们所遭受的不幸而断定他们必然做错过什么，这正是他们所担心的事情。

12.倘若苦难已发生且无法改变，那么对事情原本可能会有的面貌，我们绝不要去设想。至于用哪种方法才能避免这种苦难，我们就更不应该去设想。

因为如果我们去思考这些的话，我们的痛苦会越发难以忍受，反倒成为对自身的折磨。（就和泰伦提乌斯[1]在《自我折磨》这部喜剧中所描绘的那般）

---

[1] 泰伦提乌斯（Publius Terentius Afer，约前195—前159），古罗马剧作家。

大卫王才是我们应该学习的，大卫王在儿子生病的时候夜以继日地向耶和华祈求祷告，不过他在儿子死后，只是轻轻地打了个响指，然后不再对此多做缅怀。

心胸不够宽广的人，想要效仿大卫王行事，那是万万不可能的，还不如逃到宿命主义立场那里，去对伟大的真理自行领悟。这个伟大的真理就是：所有发生的事情，必定会发生，无法避免。

但是，这条准则并不全面。它更适用于苦难发生之后，让我们来平定情绪、放松心情。

不过，倘若是因为我们自身的粗心大意或者愚蠢莽撞（通常确实会有这种情况）导致苦难的发生，或者说至少苦难的发生与此有一部分联系的话，那么对我们如何做能够避免苦难进行反复的、痛苦的思考，能够帮助我们自我提升以及增长智慧。这是对未来非常有好处的自我反省。

我们惯于对已发生的错误进行自我开脱，过于轻描淡写、避重就轻。很显然，我们应该对其严重性有清晰的认识，坦然承认，下定决心，不要再犯同样的错误。这样做，当然会因为对自身的不满而感到万分痛苦，但是不曾经历折磨，就如同不曾接受教导。

13.不管什么事情，只要与我们的喜怒哀乐有关，我们就要把想象的翅膀牢牢捆住。

首先要做的是不能建造价格过高的空中楼阁，因为过不了多久，我们不得不一边叹气一边来拆除。更要当心的是，不要因为想到那些只不过是有可能会发生的不幸而心神不宁。

　　倘若这些不幸只不过是出自我们的疑虑，或者说这些不幸离我们非常远，那么我们只要清醒过来，挣脱想象，就会立刻意识到一切只不过是幻象而已。因为现实比幻象更好，我们便会感到欣喜，这种想象最多能给予我们的就是一个提醒——那些有可能会发生的不幸，尽管离我们很遥远，但是我们也应对其小心提防。

　　我们的想象轻易不会用不幸来做游戏，它通常都是在自在悠闲地建造美轮美奂的空中楼阁。

　　能让想象做噩梦的不幸尽管离我们很远，但我们从中所感受到的威胁颇有几分真实，这些不幸会被想象放大。本来离我们很远的不幸，而且只是可能会发生的不幸，被想象扯到了我们眼前，并且把不幸刻画得过于恐怖、远超现实。

　　等我们清醒过来，美梦马上就会被我们抛弃，因为它们会被现实打得粉碎，最多只会残余些微渺茫的希望，在可能性的温暖怀抱中蜷缩。但我们很难立刻从噩梦中挣脱出来。

　　因此我们留给自己的是黑色的想象，我们身边的景象被它拉近，难以驱离。这是因为，事情有发生的可能性，但以这一可能性的大小作衡量的标尺的能力，我们并非一直都有。这样一来，就很容易将微小的可能幻想成一定会发生的可能，我们也会因此感到恐惧。

因此，对那些会给我们的喜怒哀乐带来影响的事物，我们要做的是：只用理性与判断力观察它们，冷静思考，用单纯的概念去抽离具体的形象。

想象在此不允许出现，因为想象缺少判断力，它带到我们眼前的只会是单纯的画面，不仅没有任何帮助，还会扰乱我们的心绪，会给我们带来很大的痛苦。这条准则在夜晚更要严格遵守。

我们会因为黑暗而感到恐惧，我们在黑暗中总会觉得所见的景象都很吓人，而模糊的思绪产生的效果和黑暗很像。

人们会因为各种不确定而感到不安：在夜晚，理智与判断力因为疲惫而被覆盖上了一层黑暗，这种黑暗是主观的，大脑混乱疲乏，对事情的本来面目已无力去探究，倘若我们此时开始对自身处境开始思考的话，那么它们的面目就会变得危险起来，甚至会化为恐怖的幻影。

半夜躺在床上时，这种感觉会格外强烈。精神在这个时刻已疲惫不堪，判断力也无法完成它的使命，但想象却是活跃的。万物皆被黑夜染上了属于它的色彩。

接近入睡时，或者半夜醒来的时候，我们的思想就跟在梦中似的，多数时候只会严重扭曲与改造事物，倘若我们所想的与个人事务有关，那么通常看到的会是黑漆漆的一团，恐怖又阴森。

等到了清晨，这些令人恐怖的幻影立刻会消失不见，就像做梦一样。有句西班牙的谚语正是这么说的："夜被染色，昼是白的。"

只要到了夜晚，点上灯火，眼睛看到的就没有白天那般清晰，理智也是一样，因此，那些严肃的事务，需要认真思考的事务，特别是那些不愉快的事务，都不适合在晚上做。

清晨才是思考这类问题的好时候，任何事情都适合在清晨去做，不管是脑力上的，还是体力上的。

一天中的清晨，就相当于一个人的少年时：清新明朗，愉悦又轻松。我们感到身体强壮、力量充沛，不管是脑力，还是体力，都能随意使用。

莫要晚起，防止上午的时光被缩短；琐事与闲聊皆莫做，不要浪费了清晨的好时光。

我们要把清晨看成生命的精华，像对待圣物那般珍重清晨。而一天的傍晚就像是一个人的暮年之时，此时天光暗淡，我们也开始感到疲惫与迟钝，变得粗心愚蠢、唠唠叨叨。

每一天都是一生的微缩：每天醒来起床，都是出生的微缩；每个清新的清晨，都是青春的微缩；每次躺下入睡，都是死亡的微缩。

总之，我们的心情会受到很多因素的影响，这些因素有健康、饮食、睡眠、天气、气温、环境以及其他外界因素。

而能给我们的思想带来重大影响的正是心情。所以，我们如何看待一件事，是由时间来决定的，有时地点也能来决定。对我们做事的能力来说，也同样如此。因此：

> 心情愉悦，寥若晨星；
> 要珍重，不要选择忽视。

这是歌德站在客观角度独创的思想与理解。对于会不会发生，何时会到来，我们能做的只有等待；就算与我们的个人事务有关，我们的周密思考也不是总会等我们准备妥当再完成，也不是总会在我们预定的时间内完成；只要这个思考是恰当的，它的活跃是自然而然发生的，我们去认真地跟进，那些成熟的想法会选择好到来的时间。

我还有一条有关约束想象的建议，那就是：对于我们所遭遇的那些不公、损失、伤害、挫折、诽谤、病痛等，禁止想象再把它们生动形象地展现出来。不然的话，不快与愤怒等种种面目可憎的激动情绪也会再度复活，我们的心情也会被它们败坏。

普罗克洛斯，这位新柏拉图派哲学家曾说："一座城市之中，有高尚优秀之人，也有各种各样的卑劣小人，而就算是最高尚尊贵之人，他的天性之中也不可避免地带有一些庸俗卑劣的东西，这些都是人类本性的一种，或者更恰当地说是动物本性的一种。"

由于这种本性过于丑陋，我们要阻止这些卑劣的因子因为刺激而激动，也要阻止这些卑劣的因子蠢蠢欲动地探出头来。然而最能把这些卑劣的因子煽动起来的就是想象所制造出来的画面。

在此，我还要指出一点，就算是不值一提的不快，不管这种不快是源自人还是物，倘若对其不停地反复琢磨，用鲜艳的色彩去加以放大描画，那么再小的不快也会变为巨大的怪兽，会让人们丧失理智。

那些给我们带来不快的事物，我们应尽可能去冷静平和地对待，这样才会尽可能地看轻它们。

倘若我们把一样很小的东西拿到眼前，我们的视野也会因为它而缩小，我们所能看到的整个世界就都被挡住了。

同样，我们的注意力和思想会被我们身边的人和物过度占用，就算他们是那么无关痛痒，那么微不足道，但他们还是常常会通过让人感到不快的方式来占用我们的思想与注意力，妨碍我们去进行重要的思考，影响我们去做重要的事务。

对于这个问题，我们应努力去克服。

14.我们看到那些不属于自己的东西时,很容易就会产生这样的念头:"倘若它是我的,那会如何?"我们因这样的想法而闷闷不乐。

这样想,还不如这样问:"倘若它不是我的,那会怎样?"我觉得,对于我们之所有,我们应该经常这样去看待,试着去想一想,我们如果失去它又会有什么样的想法。

甚至我们所拥有的一切:健康、财产、朋友、伴侣、子女、马与狗等,我们都应这样去看待。因为通常只有失去了一样东西之后,我们才会真正感受到它的价值。如果看待我们所拥有的一切时是按我建议的方式,那么便会产生两个结果。

一是,对于拥有它们,我们直接感受到的幸福远比以前要多。

二是,我们为了不失去它们而会想尽办法:我们不会让财产有蒙受损失的风险,不会去得罪朋友,不会去试探伴侣的忠贞,对子女的健康会仔细照顾,等等。

我们常常会去推测各种有利的可能,会去制造众多虚幻的希望,以此来解决眼前的烦恼,但是每个希望都将失望包裹其中,如果坚硬冷酷的现实打碎了希望,那失望必然降临。

而另一种做法才是明智的,我们设想的对象是诸多不利的可能,这样一来,我们可以对其有所防备;另外,倘若它们没有成为现实,那无疑会令我们感到惊喜。我们在焦虑之后总会感到欣慰，这是很明显的事情。

更有甚者，对那些有可能会在我们身上降临的巨大不幸，我们可以不时地想象一下，如此一来，对那些真正降临到我们身上的众多的比较小的不幸，我们更容易去忍受。这是因为在对那些不曾发生的巨大苦难进行设想之时，我们从中获得了慰藉。但切记莫要忽略之前所阐述的准则，而只去遵守这条准则。

15.那些我们所经历的事件与状况，全部都是独立发生的，杂乱无序，彼此没有任何关联，差别非常大，除了都是在我们身上发生的之外，再找不到任何共同点。我们必须勤于思考，及时行动，只有这样才能应对得当。

所以，我们必须从其他事物中把自身抽离出来，才能去面对一件事，才能全神贯注，才能去享受、忍耐或操心，但那些不同的事情，我们不要把它们扯到一起来，就好比我们有许许多多的抽屉，而每个抽屉里都装着我们的想法，我们可以每次只拉开一个抽屉，而其他抽屉依然是关闭的。

这样，我们便不会长时间忙于操心一个沉重的负担，从而失去了眼下所有的小小的愉悦，也不会被它夺走我们全部的安宁，我们就不会因为需要对一件重要的事情费心而忽视许多比较小的事情，其他想法也不会被一个思虑排挤，等等。

然而，那些具备高尚高级思考能力的人，他们必然无法对个人事务专注，他们对俗事做不到专心，俗事会使他们的思路堵塞。倘若他们把心思用在生活琐事上，他们就会失去生命的目标。

当然，这和其他众多问题一样，取舍离不开自我的约束。但关于这一点，我们得把一个观点予以强化，即众多源自外界的强大约束是我们每个人都必须忍受的，倘若没有约束，那么就不会有生命。如果能在适当的地方对自我实行小小的约束，那么就可以规避许多外部的约束，就像圆周临近圆心的那么一小段，与其对应的是圆周外围百倍大的一大段。

自我约束是想要挣脱外来约束最有效的方法。塞涅卡也是这个意思，他曾这样说："倘若一切想尽握于自己手中，那么必须让自身服从于你的理智。"（《书信集》）

而且我们自身能掌控我们的自我约束，倘若触及我们最敏感的地方，我们也可以对其放松些许，毕竟这种情况极为罕见；而外来的约束则截然不同，它们完全不会通融，冷酷无情，一点也不仁慈。

所以，最明智的行为乃是用自我约束来规避外部约束。

16.我们的愿望须有上限，我们的欲求应被节制，我们的愤怒应被驯服。我们应一直牢牢记住：沧海取物，每人仅可得一粟，但是所有人都必然会经历众多的不幸。

简单来说，自制与自持是必须遵守的准则。倘若无视，不管坐拥多少财富、手握多大权力，都起不到任何作用，我们必然还是会觉得自身既可怜又可悲。这正如贺拉斯所憧憬的：

> 审视你的生活，
>
> 求智者指点，
>
> 如何悠然过一生。
>
> 战胜恐惧，
>
> 摆脱贪婪和躁动，
>
> 无视欲望和庸俗。

17. "生命在于运动。"亚里士多德的这句话显然非常准确：我们肉体的生命在于不会停止的运动，也需要这种不会停止的运动；而我们内在的精神活动也是一样的，也需要不停地忙碌，需要借助行动来忙于某个事务，或者通过思考来忙于某个事务。对此，我们能拿出证据来，倘若无事可做、无心可用，人的手就闲不住了，会到处敲敲打打，或者拿着什么工具来到处敲敲打打。

换言之，我们的生存本质就是焦躁不安的。倘若没有任何可以做的事，那么很快我们就会对此难以忍受，因为可怕的无聊会随之产生。我们应好好约束这种冲动，井然有序地来满足它，在满足它上也能去选择比较好的方式。

可见对人生幸福来说，必不可少的是：有所作为，或多或少地做些事，倘若可以的话，就去创造点什么，至少也要去学点什么；人的各种能力都需要能派上用场，对于发挥能力所带来的成果，人们也很愿意借助某种方式去感受。

如果站在这个角度来看，那么有所创造、有所成就无疑是最大的满足，不管是写一本书也好，还是做一个筐也罢；亲眼看到自己手中的作品一天天长成，直到完成为止，那无疑是最能令人直接感到幸福的。

写一本书，创作一件艺术品，制作一份手工，都能起到这样的作用。当然，作品越高级，收获的快乐越高级。有的人，拥有极高的天赋，对自己能创作出意义深远的伟大作品确信无疑，自然最幸福。

因为，他们的整个人生都将充满一种高雅的兴趣，这种兴趣是常人的生活中所没有的，所以其他人的生命缺乏这种风味。

也就是说，所有人都会对世界与生命的材料感兴趣，可那些极有天赋的人，除此以外，还具有一种更高级的兴趣，他们对世界与生命的形式充满了兴趣，因为他们创作作品所需的材料就在世界与生命之中。

他们忙于去收集这些所需的材料。从一定程度上来说，他们的理智也是双重的：他们的一部分理智与其他人一样，用于对常见的关系（也就是意志的事务）进行分析；而另一部分理智用于对万事万物进行理解与掌握。他们既是演员，也是观众，而别人则只是演员。所以，他们过着双重的生活。

当然，我们每个人都应该根据自身能力，认真把事情做好。缺少某种工作，缺少有计划的活动，会给我们带来不好的影响。

这点在做长途旅行时，我们便会注意到。我们在旅途中会不时地感到非常郁闷，这是因为对我们来说，如果少了真正的忙碌，那无异于被迫离开属于自身的自然环境。

就像鼹鼠需要挖洞一样，人们需要去认真做事，需要去同阻力斗争。连续不断的享乐会给人们带来一种餍足感，餍足感又会带来静止，而对人们来说，静止是无法忍受的。

克服阻力是人生的完美快乐。阻力可能是物质的，也可能是精神的。工作与行动中遇到的那些阻力就是物质的，而学习与研究时所遇到的那些阻力就是精神的。与阻力做斗争，并且战胜阻力，才会使人感到幸福。

倘若没有去克服阻力的机会，人们就会想法子去制造。他们会去打猎，或者玩棒球，或者可能会被其自身没有意识到的某个本性特征引导，去设局骗人，去寻衅滋事，去策划阴谋，去干种种丑陋的恶行。这么做的目的是结束这份不能忍受的平静，这些都是由其天生的个性所决定的。"于闲暇中平静生活，谈何容易！"

18.努力拼搏，但众人大多数时候是背道而驰的。

换句话说，倘若仔细研究便会发现，当我们下定决心时，判断与概念并没有起到最终的决定作用，发挥这一决定作用的是想象的幻象，它映射的是诸多可能性之一。

我不确定是伏尔泰还是狄德罗的小说，主人公是站在岔路口的赫拉克勒斯，他是年轻的大力神；而他那年迈的老师代表的是美德，满口说教，他右手握着一把夹子，左手拿着一个鼻烟壶；他母亲的侍女则象征着重担。

年少时，几幅象征幸福目标的图画，就挂在我们心中，常常会挂上半生，甚至可能会挂上整整一生。

其实它们是挑逗我们的幽灵，它们只要被我们捉住就会化作云烟，消失不见。换言之，我们很快便会明白，履行承诺，它们根本做不到。

属于这些图画的有场景，也有画面。属于场景的有家庭生活、市民生活、社交生活、田园生活等，而属于画面的则有住宅、环境、奖状、勋章等。每一个愚蠢的人所戴的小丑帽子都是他自身中意的，情人的画像也属于此列。

这个情形很可能是自然发生的。眼睛所见之物是直接的，也就更有效。对我们的意志来说，它比概念、抽象的思想更能产生直接的影响。

概念、抽象的思想没有细节，因此，对我们的意志来说，概念所起到的作用只是间接的。

但是言出必践的只有概念，所以只信任概念，就是所谓的有教养。当然，很可能需要借助几幅图画来对概念进行解释与阐述，但尚待商榷。

19. 上述提及的准则全都可以归纳为一个普遍的原则，即当下的与直观的印象当由我们来主宰。

倘若与单纯想到和意识到的比较的话，印象会显得过于强大，甚至会大得不合乎比例，这与它总是贫瘠的内容与质料无关，而是由它直观与直接的形式所决定的，后者会影响心情，会干扰心情的安宁，会动摇决心。

身边之事、眼前之事、直观感受之物，这些总是直接在当下发挥作用，而且具有十足的力量，我们会很容易忽略这点。我们发现思想与论证需要时间与安宁，只有这样才能逐渐融会贯通，因此我们并不能时时刻刻看到它们的整体。

反复思量后，我们决定对某种快乐予以摒弃，但看到它时，我们还会为此心动。我们明明很清楚地认识到，有一个判断非常拙劣，但我们还是会因为这个拙劣的判断而烦躁不安。

尽管我们清楚有一种诽谤无耻又卑鄙，但我们还是会因此而感到愤懑难忍。哪怕已经有十条理由证明危险出现，但占据上风的依然会是眼前的现实假象。

我们的存在，原先就是非理性的，这种非理性在所有情况下都在发挥力量。大部分人会被这类印象征服,具有足够强大理性的只是少数人,他们不会受到这种印象所带来的不好的影响。

我们想要完全制服印象不能只凭借思想,用相反的印象来对眼前的印象进行化解才是最好的办法。

比如,我们眼前是被诽谤的印象,我们可以拿另一种印象来将其抵消,这种印象产生于敬重我们的人,是他们对我们的颂扬;我们眼前的印象是迫在眉睫的危险,我们想要抵消这种印象,可以借助实际去观察对危险的有效抵御。

莱布尼茨(《人类理智新论》第1卷)讲过这样一个故事,有一个意大利人,在受刑的时候,常会大声呼喊"我看见你了",以此来忍耐上刑的剧痛,后来他做了解释,他口中所说的你,是他脑海中绞刑架的图像。

他如果招供了,就会被处以绞刑,因此他不停地去想象绞刑架的图像。倘若我们与周围的人不只在意见上有所不同,在行动上也不一样,尽管我们确定他们是错误的,但想要做到不为他们的行为所动还是很难的。

一个国王在逃亡中,他前途难测,后有追兵,而他所信任的随从,在私下与他相处时依然恭敬有加,这对他来说无疑是一针强心剂,让他最终不会怀疑自我。

20.在第2章中,我曾特意指出,对我们的幸福来说,健康始终居于首位，是最重要的。在此，我对怎样强身健体提出几条通用的行动准则。

只要身体健康，那么就可以让身体各部位与全身多做伸展，多来承重，多去习惯与各种逆向的影响做抵抗，这是身体强壮的道理。

与之相反的是，如果身体不舒服，无论是局部的，还是全身的，都要立刻去对症治疗，对生病的部位或者抱恙的身体应给予百般呵护，生病虚弱的身体想要变强是不可能的。

对肌肉高强度使用，那么肌肉也会变强；但神经则相反，倘若对神经高强度使用，神经反而会被削弱。因此，我们应当锻炼肌肉，让肌肉保持适度的紧张，但却要避免神经紧张。

我们要保护好眼睛：要避免强光，特别是太阳反射来的强光；在黄昏时如果使用视力很勉强的话，那就要尽量避免使用；不能长时间凝视小物品。

然而最为重要的一点就是，不要强迫大脑长期处于紧张之中，也不要在不适宜的时候让大脑紧张。

比如，消化食物的时候，我们就应该让大脑保持安静，因为此时我们的肠胃正在紧张地工作，正在制造食糜与乳糜，而在肠胃中负责这一工作的正是我们大脑中负责构建思想的生命力。

在做紧张的身体活动时，或者活动刚刚结束之后，大脑同样也应保持安静。因为大脑对运动神经与感觉神经所起的作用是相同的。身体受伤，我们会感到疼痛，但其实真正疼痛的位置是在大脑之中，所以真正劳动的不是双手，真正走路的也不是双腿，真正做这些的是大脑，是大脑的一部分，大脑的这个部分可以借助延髓与脊髓去刺激我们四肢的神经，从而使我们的四肢能够运动起来。

可见，真正让我们四肢感到疲劳的位置也是在大脑之中。也正是这个缘故，会感到疲劳的肌肉，其运动都是由意志来控制的，而那些自主运作不受意志控制的肌肉就不会感到疲劳，比如心脏。

倘若大脑在我们的强迫下同时去做强烈的身体运动与精神活动，或者刚做完一个立刻又去做另一个，这样一来大脑就会受到损伤。

接下来要说的事实与这一点并没有矛盾，在散步伊始，或者散步片刻之后，我们常常会感到脑力有所提升，之所以会这样，是因为大脑当中与散步有关的那部分还没有感到疲惫，另外伴随这种舒缓的身体运动以及因为运动而增加的呼吸频率令血管舒张，从而使含氧量更高的血液进入了大脑。

当然，我们要保证大脑能够享有充足的睡眠，这是大脑恢复活力的必需条件，极为重要。越是活跃的大脑，越是需要更多的睡眠。但是倘若睡得太多，实属浪费光阴。

因为倘若睡得太多，那些外延上的收获在内涵上就会被睡眠丢掉。（参阅《作为意志和表象的世界》第2卷）❶

总之，我们要明白，我们的思维其实就是大脑的有机功能，所以如果从平静与紧张这个角度来看的话，会发现思维其实与其他各种有机活动是相似的。

过度用眼与过度用脑同样都有害处。我们可以这样说：大脑之思考如胃之消化。有人的想法很荒谬，他们认为灵魂是简单的、非物质的，在本质上一直思考，不知何为疲惫，灵魂对世界没有任何需求，只不过是在大脑中寄居而已。

一些人因为这个疯狂的想法而行为荒唐，精神也跟着下降，比如曾经企图彻底放弃睡眠的腓特烈大帝。在实践中，这个疯狂的想法所带来的伤害更为严重。倘若哲学教授们想要行善，那么他们就不应该用刻板的一问一答的哲学论证方式，这种方式就是为谬论进行辩护。

我们的精神应被彻底看作生理机能，我们应对此养成习惯，并且好好使用、好好管理、好好保护，等等。我们应该有这样想的习惯，身体所感受的每个失序、痛苦、不适，不管是

---

❶ 睡眠是向死亡借贷。为了保全生命，睡眠向死亡贷款。也就是说，睡眠把利息一次性支付给死亡，偿还本金的则是死亡本身。利息支付得越准时，支付得越丰厚，偿还本金的时间就可以越推后。——叔本华注

发生于哪个部位，都会给心灵带来影响。

这样的习惯想要养成的话，阅读加班尼斯❶的《论人体与伦理的关系》不失为最好的办法。

有一些伟大的头脑，还有一些伟大的学者，他们对这里提出的忠告不在意，因此在年老后，他们变得反应迟钝、行为幼稚，甚至可以说是疯狂。

比如，几个很有名气的英国诗人——司各特、华兹华斯、骚塞❷等，他们上了年纪后，尤其是在六十岁之后，开始变得迟钝起来，大脑的能力全都丧失了，甚至变得呆滞。

他们显然个个在丰厚版税的诱惑下，视写作为生意，通过写作来获取财富。他们因为这种诱惑过于用功，违背了自然。那些给飞马套上轭子的人，那些对艺术女神缪斯挥动鞭子的人，就如同那些强迫爱神维纳斯为其服务的人，他们都会付出相似的代价。

我想，康德在晚年终于成名之后也同样过于劳累，所以在他生命中的最后四年，他进入了人生的第二个童年。

一年中的十二个月都会对我们的健康、身体状况以及精神

---

❶ 加班尼斯（Pierre Jean George Cabanis，1757—1808），法国生理学家、哲学家。

❷ 华兹华斯（William Wordsworth，1770—1850），英国诗人。骚塞（Robert Southey，1774—1843），英国诗人。

状况产生影响，这种影响独特且直接（与天气无关）。

怎样和他人相处

第三部分　如何待人

21.人生在世，既要小心谨慎，也要大度宽宏。前者会使我们避免受到伤害，后者会帮助我们远离纷争。

在与人相处的时候，不可无条件地去排斥个性，只要个性源自本质，不管它多么可笑、多么可怜、多么恶劣。

我们要这样看，人的个性出于一个永恒的形而上原则，也只能是这个样子，无法做出改变。倘若遇到个性很糟的人，我们应该这样想："林子大了，什么鸟都有。"

倘若不这样想的话，就会有失公正，就是向别人挑战，要求进行生死攸关的决斗。因为没有任何人能改变别人固有的个性、面相、秉性以及知识能力。

倘若他的本质被我们彻底否定，那么他只能同我们决战至死，除此以外，他再没有别的选择，因为我们承认他的生存权是有条件的，我们的条件是他必须做出改变，去成为另一个人，但这种改变对他来说是做不到的。

倘若我们打算与他人相处，那么必须对每个人都做到接纳，去接纳每个人固有的个性，不管这固有的个性会是什么样子，我们要考虑的只能是对其个性的利用，当然这不能超出其品性与种类所允许的范围。

然而我们既不能抱有改变他的想法，也不能对他全盘彻底否定。❶"自己活，也给别人留条活路。"这句俗话说的也是这个意思。这样的做法虽然是对的，但委实不易。如果有谁能一直避开某些个性，那么这个人就太幸运了。

同时想要锻炼忍受他人的能力的话，可以尝试借助无生命的物体来培养耐心，这些没有生命的物体会对我们的行动做出顽强的抵抗，这是由这些物体所具有的物理上的或者机械上的必然性导致的，这样的时机每天都会有。

我们可以把由此锻炼出来的耐心用到别人的身上，我们会养成这样想的习惯：这些人之所以总是对我们有所妨碍，是因为源自他们本质的那种强大的必然性，而这种必然性和推动无生命物体的必然性实际上是一样的。如果我们因为他们的行动而愤怒，就相当于在走路的时候因为碰到滚动的石头而发火，实在是愚蠢得很。

---

❶ 对某些人，应采取最明智的做法："我无法改变他，因此我想利用他。"——叔本华注

22.令人惊讶的是，在谈话的过程中，我们很容易就能立刻发现人们在气质与精神上的相似或者不同之处，在每个细节上，这点都清晰可见。

倘若两个本质截然不同的人谈话，就算他们讨论的话题没有任何利害关系，他们所讨论的事物非常奇特，可他们当中一人所说的每一句话，几乎都会让另一个人或多或少地感到不适，有些话甚至还会让他愤怒。

而本性相投的人则完全相反，他们很快在各个方面都会感到合拍。倘若本质相同的程度很高，这种合拍很快就会转变为最佳的和谐，变为不约而同。这一事实能够说明两件事。

第一，我们由此便能明白为何那些平庸无奇的人会那么合群，他们不管是在哪里，找到好伙伴都是那么轻松，他们能找到那么多可爱、公正、正派之人。

第二，那些超凡脱俗的人则是另一种截然不同的情形，他们越是出类拔萃，越是不一样，最后越是会变成这样的情形：他们孤身一人，没有任何朋友，他们会因为偶然发现别人身上和自己有那么一丝相同的东西而激动得不能自已，也不管那一丝相同是何等细微。

对我们每一个人来说，在哪种程度上别人是他，他就可以在同样的程度上成为对方。那些真正心灵伟大的人就如在绝壁筑巢的苍鹰一般，他们都是独自于高峰处结庐。

我们通过这个事实便能理解为何那些心意相通的人能那么迅速地在一处聚集，就如同磁铁那样吸引彼此；亲人一般相似的心灵，距离再遥远也会问候彼此。这种情况在天赋低下或者心智卑劣的人之间最为常见，但也正是因为这类人数量众多，总是聚在一处，卓越杰出的人才会寥寥无几。

比如，两个真正的恶棍能够在一个目的为追求实用的庞大群体中迅速相识，就好像他们都有同一个标记一般，他们为了投机取巧或出卖彼此而很快聚在一处。

我们可以假想有这么一个庞大的群体，在实际上是不可能存在的，群体里的成员除了两个傻瓜，其余的每一个成员都精神出众，都聪明有智慧，而那两个傻瓜在这个团体中会彼此感到亲切，他们很快就会各自因为遇到一个善解人意的人而发自肺腑地感到愉快。他们一见如故，迫切地想要亲近彼此，互相兴高采烈地问候，急着奔向对方，就像老相识一般。

这样的场景委实怪异。对于这种不同一般的场景，我们甚至想要用佛教灵魂转世的说法来解释，认为他们在前世是朋友。

然而，哪怕在诸多问题上众人都能达成一致意见，但还会有什么让他们彼此不一致的东西，更有甚者这种东西还会带给他们暂时的不和谐，这种东西就是他们在当下各自不同的心情。

我们每个人的身体状况、所处的环境、在处理的事情、瞬间的思维、目前的处境，几乎都是不一样的。这些决定了我们每个人当下的心情。因此哪怕彼此有最和谐的个性，也会有不和谐的产生。

倘若一直能用措施来补救，把心情上受到的干扰排除，保持平心静气，那需要有极高的教养才能做到。

对合群的团体影响极大的是相同的心情，具体表现是，如果某个客观的东西，比如音乐、戏剧、新闻、奇异的景象、险情、希望等，不管是什么，都能够在同一时间用同一方式对众人产生影响，哪怕团体的人数众多，也全部都会被刺激到，他们真实地产生了相同的感受，他们会为此欢呼，会兴奋地奔走相告。

究其根源，是因为个人兴趣被这样的事物压倒了，多数相同的心情也就随之产生了。倘若没有这种客观的影响，人们在社交群体中制造共同的心情通常需要通过主观的影响，一般方式是一起喝酒，一起喝咖啡与茶也能起到这个作用。

当下的心情不同，很容易就能使所有社交群体都产生不和谐。我们由此便会明白：倘若记忆能够挣脱当下心情对其造成的影响，也能挣脱其他相似的、瞬间的、干扰的影响，那么我们每个人记忆中的自己就会变得理想化，甚至有时会被神化。

记忆就好比是暗箱中的聚光镜：所有的事物都被它聚集到

一处生成了一幅画面，而与原型相比，这幅新生成的画面显然更美。如果被人用这种方式来观察，那显然具有优势。

这种优势，我们每次消失都会赢得些许。记忆具有理想化功能，它完成工作需要的时间很长，可我们只要不再在众人面前出现，记忆立刻就会开启理想化模式。所以与好友和熟人久别之后再见面的做法很明智，记忆已发挥了作用，我们再相会时就会注意到。

23. 超越自己的东西，任何人都看不到。对此，我要说的是，一个人，他能在别人身上看到多少，就意味着他自身有多少，因为他对别人的理解依照的是自身认知的标准。

倘若他自身认知较低，那么对他来说，没有什么思想才能会对他有作用，哪怕是最了不起的才能也不会，那些有思想、有才能的人个性中最低微的那部分是他唯一能感受到的，也就是说他只能察觉对方性格与秉性上的全部缺点以及全部弱点。除此以外，他再也感受不到别的。

在他看来，那个有思想、有才能的人全都是由缺点与弱点构成的。对他而言，对方高级的思想能力就如同把色彩给盲人看，只能当作没有。

一个没有精神的人，他自然看不到任何精神。所有的评价，都结合了两个要素：一个是被评价之物的价值，一个则是评价者的知识范围。

可见，我们如果想与哪个人交谈，那么就应和对方拉近距离，和对方处于同一水平线上，我们比对方优越的地方全都不见了，对方甚至根本不会察觉我们为了与其交谈所做的自我牺牲。

绝大部分人都是天赋低微、心态卑劣、平庸至极，我们只要想到这些就会明白，只要与他们发生交谈，我们在交谈时必然会跟着变得平庸起来，因此"拉近距离"这一说法的本来含义，我们就会彻底理解，明白这是多么恰当的说法。

有的社交群体，我们与其沟通会感到本性上的羞耻，我们更愿意彻底远离他们。我们也会懂得，对蠢人，不与他们交谈是唯一能够展示我们精神的办法。只是身处社会之中，这样做的话，我们就像是舞会上的优秀舞者，可碰到的每个人都瘸着腿，那我们又能和谁一起共舞呢？

24.有的人在等待的时候，也就是在那儿干坐着没有什么事能做时，他们不会马上拿起手边刚好有的东西，比如拐杖、餐具或者别的什么东西，在一旁东敲西打。能做到这样的人寥寥无几，我对这类人很敬佩。

很可能他们是在思考。但是我们所看到的绝大多数人是不同的，他们的思考完全被视觉取代了：他们想要凭借敲打来使自己意识到自身的存在；在他们手中没有雪茄的时候，这种行为尤为明显，雪茄就是为此而存在的。他们因此总是竖起耳朵、瞪着眼睛，对周围所发生的一切密切关注。

25.拉罗什富科说得很对，对一个人由衷敬仰的同时，很难再保有深深的热爱。所以是去博得众人的喜爱，还是去赢得人们的尊重，对我们来说是一个选择。

爱一直是自私的，有着各种各样的自私方式。另外，能够帮助人们获得爱，并不一直是让人骄傲的。倘若想要博得别人的爱，那么对别人的心灵与精神的要求标准都需要有所降低，对要求的降低必须是真心实意的，没有丝毫的虚伪作假，绝对不是因为出自轻视的宽宏大量才这么做。

爱尔维修的那句箴言在此应被我们想起："一个人，倘若要我们喜欢的话，那么他必须有一定的精神，而其所有精神的量，约等于我们自身所有的精神。"通过这个前提，我们能对它的结论做出推导。而经过比较我们会发现，如果想要赢得人们的尊重，那么刚好是相反的情形。

倘若想赢得别人的尊重，那么必然要去违背他们的意志，因为他们的尊重大部分都是藏匿起来的。

也正是因为这样，我们的内心会因为尊重而获得更大的满足感。我们的价值与别人的尊重联系在一起，众人对我们的爱并不会受到我们的价值的直接影响。尊重是客观的，而爱是主观的。对我们而言，当然是爱更有意义。

26.大部分人过于主观。说到底，这是因为他们心中只装满了自我,对别的没有丝毫兴趣。

因此,不管别人说的是什么,他们很快想到的就是自己。只要别人偶尔的言谈与他们略有一点关联,他们就会对此专心致志,而谈话所涉及的客观对象,他们也就再没有余力去关注了。

只要他们的利益受到妨碍,虚荣受到损害,那么不管出于什么理由,他们都不会接受。

他们易于分心,也很敏感,很容易就觉得自身受到了伤害、冒犯与侮辱,因此,如果想要客观地与他们讨论些什么,就要非常小心,要极力避免出现任何会使他们脆弱娇贵的自我觉得受到冒犯的言辞。

然而,对这样的人,不管我们多么小心谨慎都不行,因为他们心里除了自我再没有别的。别人言谈中的绝妙好辞、名言警句、真知灼见,他们充耳不闻。不管别人说了什么,哪怕只是隐约提及,但只要对他们那可笑的虚荣造成了伤害,对他们尊贵的自我有了冒犯之意,他们每一声都不会错过,每一个字都不会忘记。

这些人脆弱得宛如小狗,倘若你不小心轻轻踩了它的爪子一下,那么你就会听到它不停地嚎叫。这些人也像浑身上下满是脓疮的病人,你必须小心再小心,万万不要触碰到他们。

甚至在与他们交谈的时候,如果有人不小心展示或者没有周密隐藏自身的能力与精神，他们就会感到遭受了羞辱，但他们在谈话时会对此竭力掩饰。

而之后，不通人情世故的那位就会很困惑，他始终想不明白到底他做了什么，才会被这些人仇视与怨恨。然而这些人也很容易被恭维。因为基本上这些人的判断都是可以被收买的，他们既不公正，也不客观，他们对同一阶层的人与同党会赤裸裸地偏袒。

以上这些，皆是因为他们的认知被他们的意志全面压垮了，他们那微弱的理智彻底服从于意志，且永远无法挣脱意志的掌控。

因为这种人具有可悲的主观性，他们会把所有的一切都跟自身扯上关系，但凡有什么想到的，就会立刻原路返回到自身。

占星术能对人类的这种主观性提供最有力的证据。天体的运行是巨大的，自我是渺小的，而这两者却被占星术硬扯上关系，似乎天空中的彗星是被地面上的诡计与交易引发的一般。不管在哪个时代，一直都是这样，从远古开始就已经是这样。（例证请见斯托堡，《文萃》第1卷）

27.倘若谬误流传于大众之中，于书籍报刊中出现，被人当成真的，或者至少不接受反驳批评，那么不要为此感到绝望，也不要觉得事情会一直是这个状态。

反之，对此我们应感到欣慰，也应明白，对事情所做出的推敲与思考、琢磨与评估、阐明与讨论，在绝大多数情况下是逐渐完成的，因此到最后获得的判断才会是正确的。

那些头脑清醒的人一眼就能看明白的真相，差不多所有人经过一段时间之后都能做出正确的理解。至于这段时间会有多长，那么就要由需要理解的事情的难度来决定。

而耐心则是我们在这段时间内必须具备的。在受到蒙蔽蛊惑的大众之中，有真知灼见的人就好像是进入一座城市，这座城市所有钟楼的大钟显示的时间都是错误的，只有他手表的时间是正确的，可这对他来说又能派上什么用场呢？

知道正确时间的只有他一个人，城里的其他人都是按照那些错误的时钟所显示的时间来做事，就算有谁知道他手表上的时间是正确的，也是一样的结果。

28.倘若对儿童纵容，那么儿童就会放肆起来，成年人在这点上与儿童并没有区别。

因此不管是对谁，都不应该过于有爱心，不应该过于退让。倘若有朋友来借钱，不借的话，并不会失去朋友；借给他，反倒更容易失去朋友。

同样，性格骄傲，对别人有些忽视，这并不容易失去朋友；而待人太过友善与体谅，反倒经常会失去朋友，因为这会使朋友变得让人难以忍受，变得骄横，友情也就会随之破裂。

尤其是众人对于你需要他们这点根本无法忍耐。他们如果有这样的想法，就必然会变得目中无人、自命不凡。

有一小部分人，你但凡跟他们来往略多一些，或者同他们说过几句交心话，他们就在某种程度上会觉得你必定离不开他们。他们很快就会觉得，你对他们的所作所为必然会容忍，他们会企图挣脱礼貌的约束。

因此，值得真心结交的人是极少的，我们需要非常小心，千万不要和小人混在一起。

倘若有什么人觉得是我更需要他，那么他就会觉得似乎有什么被我从那里偷走了，他会对我进行报复，会夺回被偷走的东西。

倘若我们根本没有什么需要别人帮忙的，而且将这一点让他们知道，那么我们就会油然升起一种优越感。

所以，我提出的建议是：对所有人，不管是谁，不管是男还是女，你都应不时地表明一点，那就是你完全可以离开他。这样做能够使友谊更加巩固。

其实，对绝大部分人来说，不时地让他们觉得你对他们有些轻视，这并没有什么，无伤大雅，他们会对我们的友情越发珍惜。就像一句精妙的意大利格言所说："不敬人者，受人敬重。"

对我们来说，倘若有人的确非常重要，那么在这个人面前，我们必须小心隐藏，如隐瞒罪行一般，绝不要让他察觉。这种说法显然会使人不适，但这是实话，所以才会如此。狗都受不了伟大的温情，何况人呢！

29.具备高尚品格、拥有杰出才华的人，他们通常缺少处世的智慧与识人的精明，在年轻时更是如此，因此他们很容易就会上当受骗，或者轻易就会被其他方式所误导。

而那些本性低下的人则相反，他们很快就能对世界较好地适应。因为如果没有经验的话，就需要通过先天来做出判断，通常来说，没有经验与借助先天（a priori）是一样的。

平庸之辈拥有先天提供的助手，即他们的自我，然而那些优秀高尚的人却没有先天提供的这一助手，而这是优秀高尚的人与平庸的普通人之间巨大的区别，就是前者没有后者的自我。

所以，优秀高尚的人参照自身的行动与思想，去对平庸普通人的行动与思想做推算，自然得不到准确的结果。

优秀高尚的人通过后天努力的方式，也就是凭借自身的经验与外来的教导，终于明白，对别人，他们只能期待下面所提到的：总的来说，其他人中，那些理智或道德品质低下的人大约占六分之五，倘若并没有因为环境的缘故而与这些人绑在一起，那么最好还是与他们保持距离，尽量不要与他们有任何的联系。

哪怕是这样，这些人是何等渺小可怜，他还是很难充分地认识到，他的认识会在他活着的时候得到不断的补充与完善，不过，在他补充完善认识的过程中，他因为误算而受伤的概率开始大幅减少。

尽管他对从中所获得的教训有了真正的领悟之后，就会进入这样的境界，置身于不相识的人群中他惊讶地发现，这些人的言谈举止，总的来看，可以说是正直诚实、端方可敬、完全理性的，而且看上去睿智聪明。但他不应对此感到困惑不解，这一切单纯只是自然的杰作。

在描绘傻瓜或者恶棍时，那些粗劣的诗人做得太刻意，手法又拙劣，我们最后看到的结果是，诗人站在每个人的身后，一直不停地否定那个人的言论与看法，声嘶力竭地发出警告："这个人是傻瓜！这个人是恶棍！不能相信他！"

而大自然在进行创作时则不一样，同歌德与莎士比亚的创作是一样的。他们作品中的每个人物，哪怕是魔鬼都衣着整洁、言行得体，他们被自然客观地描绘，我们不由自主地对他们产生兴趣，也会产生同情。之所以会这样，是因为这些人物像是自然的作品，发育诞生于内在的原则，一言一行合乎自然，也就显得必然。

因此，倘若有谁认为这世界上的魔鬼头上皆长有犄角，傻瓜的帽子上全都有铃铛，那么这个人要么会沦为魔鬼的猎物，要么会成为傻瓜戏耍的对象。

人们为了与环境相适应，一直只拿一面示人，就像是驼背的人，也像是月亮，更有甚者可以这样说，每个人都有一副面具。这副面具按照每个人的个性量身打造，对我们的形象做出了精准的描摹，可以与每个人完美贴合，具有很强的欺骗性，而我们每个人都能凭借模仿去改造我们天生的本来面目，使其与面具相适应，这是我们的本能。

需要对人讨好乞怜的时候，人们就会戴好面具。我们权当这是油布做的面具，有句精妙的意大利谚语要切记："再凶的狗也都会摇尾巴。"

不管怎么说，对刚认识的人不要产生强烈的好感，这点我们务必要谨记于心，要不然的话，我们通常都会受到伤害，感到失望或者羞愧。

在此有必要对下面这点做个回顾：处理细节问题时的表现，更能体现出一个人的性格，因为人们通常都对这些细枝末节不会认真对待。于是我们很容易便会通过一个人在细微之处的言谈举止看清楚他们自私与不宽容的本性。

就算是遇到了重大的事件，他们也依然保有这份自私，只不过会更小心地掩藏。对于这样的观察机会，我们不要错过。

一个人，如果他在日常生活中，在处理各种关系与事务的时候，会去钻法律的空子，无所顾忌，为了给自身谋求好处去损害别人的利益，侵占公有的财物，那么我们便能确定这个人根本不可信，我们绝对不能相信他，因为他心中根本没有道德与正义。在处理重大事务时，只要在法律与权威约束不到的地方，他就会是个无赖流氓。

的确，一个人如果违背团体的规则而无所愧疚的话，那么只要没有风险，他便会违反国家法律法规。❶

倘若我们周围的人，或者与我们有关联的人，我们因为他们所表现出来的某些东西而感到愤怒或者不快，那么我们考虑一个问题即可——我们对他一味容忍，他却变本加厉，越发过分，他值得我们如此吗？原谅与忘记，意味着把用巨大代价换来的"昂贵经"丢到窗外。

倘若我们对此所做的回答是肯定的，那么也无须多言，因为就算说再多也没用，我们能做的只是提醒或者不提醒，然后任由它去。但我们要知道，这样的事我们还会一直遇到。

倘若我们对此所做的回答是否定的，那么我们必须立刻与这个朋友绝交，倘若对方是我们的下属，那么应马上予以解雇。因为就算他赌咒发誓，他还是必然会去做同样的事或者相

---

❶ 倘若大多数人的善压倒了恶，那么依靠他们的公平、正义、可信、感恩、同情或者爱，不是去依靠他们的恐惧，这是比较可取的做法；然而，事实刚好与其相反，所以应当反其道而行之。——叔本华注

似的事。

一个人能忘记所有的一切，却绝不会忘了自己，这是其本质。性格是无法被改变的，而人的所有行动是源自一个本源，在相同的环境下，人们必然会去做相同的事，而不会去做不同的事，这一切正是由这个本源决定的。

倘若读过我的获奖论文——《论意志的自由》，就会对此放弃幻想。所以与绝交的朋友重归于好会有弊端，必然会带来伤害。

只要一有机会，这位朋友就会故态复萌，以前因为什么事而绝交，如今就会再来一遍，一点也不差，而且不只如此，他会比之前更加肆无忌惮，因为他已在暗中察觉自身是必不可少的了。

至于重新聘用解雇的下属也会遇到同样的情况。因为同一个理由，如果环境有所改变，我们也不要期望人的行为能够始终如一。

事实上，他们的想法和行为会随着利益的改变而改变，瞬间就会改变意图。那些会为此而抱怨的人，见识更短。

所以，倘若我们计划让谁处于某个位置，想要知道他打算如何做，我们就不要听信他所做的声明与许下的承诺，就算他句句真心，他对自己所谈及的事其实并不清楚。实际上我们也是根据他的性格与他即将面临的状况来猜测他会怎么做。

我们必须深刻认识到绝大部分人的真实品性就是如此可悲,想要有此认识的话,可以把从书本上所见的行为,与从实际生活中所见的行为相互注解,这个做法非常有益。这样做的话,不但对自己不会误判,对他人也同样不会。

我们这样做的时候,不管是从书本上,还是在现实生活中,看到那些格外愚蠢或者卑劣的行为,不要为此感到气愤烦恼,而是要将其转变为单纯的认识,这样我们便能从中看到并记住与人类性格有关的新特征。

矿物学家如何看待其所遇到的某种特别典型的矿物质标本,就如同我们此时如何看待它一样。当然也有很多例外,不同的个性天差地别,但是总体而言,诚如古人所说,世界混沌无序,野蛮者互食,温驯者互欺,此乃众人口中的世道。

何谓国家?国家的所有人造装备不但对外也对内,其所有的暴力工具,难道不是对人类没有边界的不正义进行限制所做出的防范吗?

我们纵观历史便会发现,一个国王,倘若他的王国富庶安定,他便会立刻使用这份财富,驱使臣民如猛兽般直扑邻国,难道不就是如此?

被征服的人会沦为胜利者的奴隶,早在远古时期便是如此,那些被征服的人必须为征服者提供劳动,然而那些缴纳战争税的人必然也是在为征服者劳动,他们拿自身以前劳动所得来缴税。

"战争即掠夺"——德国人应该好好听听伏尔泰的话。

30.对于任何个性,都不该听之任之,不能由它自行其是,而是应该借助概念与格言对每种个性予以指导。但倘若走太远的话,倘若想要具备一种并非天生的本性,想要具备一种人造的性格,完全来自后天,源于纯粹的理性思考,那么很快我们就会意识到:

> 倘若拿棍棒驱走本性,
> 那么本性必然再次爆发。

这意味着,关于待人的准则,我们有可能会很欣赏,更有可能这条准则是由我们自己创立的,并且对这条准则做了精彩的演绎,可是在现实生活中,我们却很快就会违反它。

但我们也不要因此而沮丧,不要觉得在现实中行动不能用格言与抽象准则去指导,不能任其随意发展。我们如何对待有关现实生活的指南与理论,就应如何对待这条准则。

我们要做的是先学会正确理解它,然后再学会好好遵守它。理解很容易,因为理解需要的是理性,而遵守却只能逐渐养成,需要不断练习。

学生学习乐器的指法时,或者学习如何用长剑去刺与挑时,哪怕他有再大的决心,也不可避免地会出错,这个时候他便会觉得根本做不到在快速读谱的同时也要遵循指法,也根本没有办法在激烈的战斗中按照剑法的要求去格挡与挑刺。

然而在不断的磕磕绊绊中,在不停的跌倒与爬起中,他反复练习,也就能渐渐学会遵守规则。对拉丁语语法规则的学习同样是通过不断地说与写。

不管是傻瓜还是朝臣,不管是冒失粗鲁还是洞察人情,不管是活跃还是缄默,不管是高贵还是平庸,全都是这样。然而这种自我修炼所发挥的作用是一种来自外界的强迫,是在长期习惯下养成的,本性会一直对它进行抵抗,甚至有时还会冲破它的桎梏。

这是因为如果我们把遵守抽象准则的行动看作人造的物品,那么在自身本来具有的天赋倾向影响下的行动就相当于具有生命的有机体。那些人造物品,比如钟表,它们的外在材料被强行赋予了形式与运动,但是具有生命的有机体则不一样,它们的质料与形式是浑然一体、彼此融合的。

"一切不自然皆是不完美。"后天习得的性格与天生具有的性格,这两者之间的关系证实了拿破仑所说的这句话。不管是物理的事物,还是道德的事项,这条准则普遍适用。我所知道的唯一例外是砂金石,人造的砂金石要比天然的好,矿物学家们对此都很清楚。

所以对于各种各样的矫揉造作，我们要提高警惕。

矫揉造作通常都会让人瞧不起。首先，人们会觉得矫揉造作是欺骗，会有欺骗说到底是因为懦弱，而懦弱则源自恐惧；其次，人们觉得矫揉造作是对自身的谴责，因为其实明明自己不是这个样子，却偏要装作自己是这个样子，说到底也就是非要做出比自身目前更好的样子。

假装自身具有某种特质，并且还为此吹嘘，实际上就是认为自身并没有这种特质。这种特质可能是勇敢、聪明、灵敏、学识广博、出身高贵、富有多金，也可能是别的会让人自豪的东西。我们可以毫无疑问地确定一点：如果有人假装自身具有这种特质，那么这种特质必然是他缺少的；一个人如果的确具有某种特质，他会对此反应平静，而不是去炫耀吹嘘。

诚如西班牙谚语所言："倘若马蹄吧嗒作响，那么必然少了颗马掌钉。"当然，不管是谁都不能彻底显露自身的本来面目，不能彻底放纵自我。因为我们需要掩藏本性中很多兽性的与卑劣的东西，但这说明有必要掩藏的都是负面的，不能说明正面的也可以掩藏。

我们也应清楚，不用等到真相大白，伪装就会被看穿。面具早晚会脱落，而伪装也长久不了。"没有人可以一直戴着演戏的面具，本性会轻易就戳穿所有人为的伪装。"（塞涅卡，《论仁慈》第1卷）

31.我们感觉不到自身的体重，但想要推别人的时候，我们能感觉到别人的体重。

同样，我们只会看到别人的过错与恶心，却看不到自己的。不过也正是这个缘故，我们可以把别人当成镜子，从镜子中我们能看到自身的种种错误、恶习、龌龊与卑劣。

但是众人通常都像狗一样对着镜子不停吠叫，以为看到了另一只狗，却不知道镜子中的其实就是自己。

去批评别人，有助于提高自身。倘若我们愿意也习惯安静地观察别人的言谈举止，对他们的行动做出独立的、犀利的、认真的批评，这就是我们对自身的完善与努力提高。

因为我们在这样做的过程中，要么培养出足够强的正义感，要么会产生足够多的虚荣与骄傲，不管是哪一种，都能使我们不去做那些我们时常严厉责备的事。

而包容的人则不同，他们给予你们自由，也要求你们给予他们自由，这是他们的处事原则。《福音书》有条道德教诲很是美妙，它劝告我们莫要不见自己眼中的梁木，却只见别人眼中之刺。

然而看不见自身，只能往外看，这是眼睛的天性。因此，想要意识到自己的过错，那么明察别人的过错，并且加以批评是唯一的法子。我们想要提高自身，那么便离不开镜子。

这条准则对文体来说也同样适用。某种可笑的新文体得到众人的欣赏，人们对其没有劝诫，而只是在模仿。这种可笑的文体因此很快在德国风靡开来，德国人的包容性很强，这是世人皆知的。

德国人奉行的格言是："自由，我们给予你，我们也要。"

32.人与人之间的关系以及由这种关系所生成的结合，从本质上以及决定性上来看，应该是观念上的，比如相似的思路、相近的心态、相投的志趣、相同的精神寄托等，那些高尚的人在年轻时对此深信不疑。

直到后来，他才会逐渐认识到，原来所有的一切都是有实际基础的，换言之，有某种物质上的利益在给它们提供支撑。几乎人类所有关系的基础就是物质利益，至于其他的关系，大部分人甚至都不知道。

所以人们在看待别人的时候，通常都在看其被人们所赋予的角色与阶级，如这个人的家庭、职业、职位，人们按照这些来对他进行归类，认为他属于哪种类别，就会用哪种类别的方式对待他。

他的个人特质决定了他会是怎样的人，这个问题在人们看来是多余的，只有极少数时候才会被提及。因此，人们只要觉得可以，在大部分时候就会把别人的个性扔在一旁，全然不理不睬。

不过，自身之内拥有越多的人，越是反感世间对其所做的安排，越是想要从中挣脱。然而，世间所做的安排有一个前提，对这个充满了困窘与需求的世界来说，谋求生计是不能缺少的，没有什么能比它还重要。

33.流通于世面的只是纸钞，并不是银币；盛行于人间的，同样也并不是真正的友情与尊敬，而只是真正的友情与尊敬在外在上的表现，以及对真正的友情与尊重尽可能接近自然的模仿。

当然也应换个角度来看，去询问一下真正的友情与尊重是否有谁能与之匹配。对我摇尾巴的忠诚的狗与对我诸般作态表白的某些人相比，不管怎么说，我更为看重前者。

真正的友谊在表达对别人喜怒哀乐的关心时，没有任何利益企图，同时也是纯客观的、深切的，而将自我真实的一面与朋友彼此融合则是这种关心的前提条件。

人的本性是自私的，与这种境界格格不入，因此，真正的友谊就如同海上的巨蟒一般，我们不确定它是真的在某地存在，还是只是传说而已。

然而，人们彼此之间的确有一些联系可以建立，尽管这些联系是基于各种各样的、深藏不露的自私动机而建立的，但也有一丝诚挚的友情包含其中，因此格外受人推崇。这个世界是如此残破不堪，倘若还有能被称为友谊的，那自有其道理。这样的关系自然远胜于普通交情。

倘若听到有些人在背后是如何议论我们的，那么我们便再也不会和他有所交往。一般的熟人，通常都是这样。

我们遇到一些情况，需要朋友为我们做出重大的牺牲，需要他鼎力相助，这时便是验证友谊真诚与否的最有效方式。

此外，还有一个最好的验证时机，就是把自身刚经历的不幸告诉朋友。朋友在那一刻的忧虑很可能是发自肺腑的、真诚的。

然而，他那一闪即逝的细微表情或者佯作镇定，也许对拉罗什富科那句有名的论断做了证明——"我们总能从至交好友所经历的不幸当中发现某种东西，而正是这种东西不会令我们一直感到不快"。

一般来说，在这种情形下，那些所谓的朋友通常都会忍不住感到快慰，忍不住流露出淡淡的笑意。

可以确定地说，能让人感到心情愉悦的事并不多见，其中一件就是把自身刚经历的悲惨遭遇讲给他们听。

尽管我们不愿意承认，但长期不见面与空间上的距离会给所有的友谊都带来伤害。

我们见不到的人，哪怕是最喜爱的朋友，也会在时间的流逝中渐渐变成抽象的概念。我们会关心他们，更多是出于理智与习惯。我们总是把深厚的、鲜明的关怀留给尚在我们眼前的人，就算只是我们喜欢的动物在眼前，也是如此。

人的本性原本就是这样感性的。诚如歌德所言：

现在此刻，

乃最强之女神。

——《塔索》

家庭之友[1]在大部分时候是当之无愧的，他们更像是一个家庭的朋友，当然并不是丈夫的朋友，也不像狗，反而更像猫。

朋友的坦诚是自己说的，而敌人的坦诚则是真正的，因此我们应该借助敌人的斥责来认识自己，就当作喝苦药好了。

能共患难的朋友很罕见吗？不，刚好相反，在刚结交的时候，他就已经处于危难之中了，要跟我们借钱了。

34.有的人觉得，在社会上显露自身的聪明才智，能够受人欢迎，这是一种非常幼稚的想法。

恰恰相反，这样做反而会冒犯大部分人，令他们感到厌憎。而至于为何会对他感到憎恶，那些人明明很清楚，却找不到可以抱怨的合适理由，还不得不将这份憎恶的缘由掩饰好，因此他们的憎恶也就越刻骨铭心。

---

[1] 家庭之友（Hausfreund），是对妻子情人的隐喻。

其实事情的面目是这样的：在与别人交谈时，倘若一个人觉得对方的精神比自身强的话，这个人就算主观上没有明确的感觉，但还是会暗自认为，在同等程度上，对方也会觉得其心智低微。

这是一个三段论，其中蕴藏了一个隐含的前提，他为此而感到恼火、痛恨。（参阅拙作《作为意志和表象的世界》）格拉希安❶说得对极了："披上最愚蠢动物的皮乃是讨人欢喜的唯一法子。"（《明智处世之术》）

这是因为显露自身的聪明才智，无异于对别人的愚蠢无能做出了间接的指责。而且那些平庸的本性会因为看到与自身相反的另一面而焦躁不安，而这股焦躁不安的根源正是嫉妒。

对人们来说，虚荣心得到满足是至高的快乐，这是我们每天都能见到的，与别人做比较是使虚荣心得到满足的唯一途径。没有什么能比精神的优越更会让人感到骄傲，人之所以比动物高级，就是因为人的精神更高级。❷

在众目睽睽之下，把自身绝对的杰出精神显露给别人，真

---

❶ 格拉希安（Baltasar Gracian，1601—1658），西班牙散文家、哲学家。

❷ 我们可以这样说，"意志"就是人本身，是人给予自己的。然而，"理智"则是由上天赐予人的装备——所谓上天，就是神秘永恒的命运及其必然性，母亲则只是必然性的工具。——叔本华注

可以说是鲁莽至极。对方会觉得受到了挑衅，很可能会找机会进行报复，可能会挣脱理智的束缚，用侮辱、诽谤等手段，进入意志的范畴，因为在意志的领域，每个人都是相同的。

因此，财富与地位在社会上往往会受到敬重，但不要期待精神出众也会如此，对它们来说，最好的情况就是被忽视，不然的话它们就会被视为不敬，或者会被认为是拥有者以非法手段占有的，而拥有者不但没有感到羞愧，还会以此为荣，因此可以在别的方面去羞辱拥有者，每个人都抱有这样的想法，只不过都是在静静等待适宜的机会。

不管一个人的言谈举止是何等谦卑，只要他精神出类拔萃，那么众人就很难谅解他。在《蔷薇园》中萨迪说："与聪明人士对愚蠢之人的反感相比，愚蠢之人对聪明人士的厌恶却要多上一百倍，这是尽人皆知的。"自身认知低却不一样，他们反而能得到发自真心的推崇，就像我们的身体喜欢温暖一样，我们的心智喜欢的优越感是让人感到舒适的那种。

除本能外，我们每个人都会去靠近能让人感到温暖的对象，比如阳光、火炉之类，但这些对象如果是人的话，那么必然要比不上他们。对男人来说，是精神上比不上；对女人来说，则是外貌上比不上。

但将低微之处原原本本地在人们面前展示出来可并不是一件容易之事。恰恰相反，我们会看到，从容貌丑陋的少女面前走过，相貌普通的女郎打心底里感到欢喜。

男人一般并不注重身体上的优势，但与靠近身材比自己高大的来比较，他们显然更喜欢靠近身材比自己矮小的，因为后者会让其感到更舒服。

总之，受人欢迎、讨人欢心的，对男人来说，就是那些无知愚钝的；对女人来说，就是那些外表丑陋的。所有人不但需要给自身，也需要给别人找出借口，以此作为喜欢他们的理由，他们很容易就能获得心地善良的名声。

也正是这个缘故，每一种关于心智的优越都会受到孤立排挤。人们对它感到厌憎，会去逃避它，会去寻找借口，去对心智优秀之人的各种缺点与错误进行指责。❶

而阶级上所具有的优势则不一样，所起的作用刚好是相反的。这是因为：人格上的优越在发挥作用时，需要借助距离与比较；而阶级上的优势在发挥作用时，需要借助反射映照，就好比人的脸色会受到所处环境的色彩的影响一样。

---

❶ 在世间追求上进，依靠的主要是朋友以及志同道合的人，没有什么能比这两者更重要了。然而才华出众总会让人骄傲，因而做不到去恭维那些才能低微的人。我们在那些人面前，应好好掩藏自身的出色的才华，绝不承认它。然而，意识到自身才能比较低，那刚好是相反的作用。这种意识非常适合用来应对品质恶劣的人，在他们面前表现出谦逊、随和、和善、尊重，从而得到青睐与友情。上述言论不仅适用于官场，而且也适用于学术界。比如，在学院中，受人欢迎的人总是高高在上的庸才，而那些有真才实学的人出头很晚，甚至可能永远没有出头之日。不管怎么说，这都是实情。——叔本华注

35.我们之所以会信任别人,最主要是因为虚荣、懒惰以及自私。我们会因为在谈论时感到骄傲而去相信别人,所以说信任是虚荣。我们本来应该自己观察、研究以及行动,但我们却更愿意拜托别人来做,所以说信任是懒惰。我们对别人坦露心迹,是因为我们需要和对方谈论与自身有关的某件事,所以说信任是自私。可就算是这样,我们依然还是要求别人对得起我们的信任。

不过,倘若别人不信任我们,我们不应为此感到恼火,因为对诚实来说,不信任本身就是赞誉,对稀有罕见的诚实给予了正直的承认,我们甚至会因此去怀疑它到底存在与否。

36.讲礼貌被中国人视为一大美德。至于讲礼貌的理由,在《伦理学的两个基本问题》中我提出过一个。[1] 接下来,我要讲的是别的理由。

礼貌也是一种默契,这种默契表现为:对彼此在心智上的缺乏以及在道德上的低劣心知肚明,然后不约而同地去忽视,不使其越发明显。这样一来,缺陷就不会轻易暴露,对双方来说都是有利的。

讲礼貌是聪明的行为,没有礼貌则是愚蠢的。没有任何理

---

[1] 人们用礼貌来掩饰自私,自私的面目丑陋可怖,因此虽然人们都清楚它在那儿,但没有人想看到它,就如同我们把厌恶的东西拿帷幕遮盖起来一般。——叔本华注

由，却故意去与人结怨是疯子的行径，就跟放火烧自己的房子是一样的。

礼貌就好比是玩具硬币，虽然看上去像是铜板，但一眼就能看出来是仿造的。在态度上，愚蠢的做法是节俭，明智的做法是慷慨。

不管是哪个民族，在书信的结尾处都是恭恭敬敬的——您的谦卑的仆人（法国人），您最顺从的仆人（英国人），您最忠诚的仆人（意大利人），只有德国人不一样，他们从不自称"仆人"——因为这与实际显然一点也不符合！

倘若牺牲现实的利益去讲礼貌，就好比是在应该给玩具币的时候，却拿出了真正的金币。蜡原本是硬的、脆的，只要稍微加热就会变得柔软，方便塑形，人们可以随意地把蜡捏成喜欢的形状。对那些充满敌意、固执倔强的人，我们有礼貌地对待，将友情展示给他们，他们会因为我们这样做而变得善解人意、乐于助人，这就好比蜡遇到了温热。

当然，讲礼貌可并不容易。讲礼貌要求我们不管对谁都恭恭敬敬的，但大部分人并不值得去尊敬。但基于礼貌，我们却不得不装作对他们充满兴趣，事实上我们根本不愿和他们有任何关系。也只有大师才能做到将骄傲与礼貌融到一起。

把不敬公开表现出来，实际上都是羞辱。然而如果能够做到以下两点的话，就能够在很大程度上避免受到羞辱。首先，为了避免过于自负,我们不要过于自尊自重;其次,我们要清楚通常每个人都是怎样看待别人的。

不过,一方面,对于针对他们的批评,哪怕这个批评很轻微,人们也会表现得很敏感;而另一方面,他们只要稍微用心,就会听出熟人在与他们有关的谈话中流露出的言外之意。将这两者对照,何其明显!

我们要时刻谨记,日常的礼貌对我们来说只是一副微笑的面具而已,倘若有一天这副面具有些变形,或者一下子掉落,我们也不会因此而惊叫失态。然而,倘若有人当真底子是粗俗的,那么此时就相当于是在光天化日之下扒光衣服,赤裸裸地站着。大部分人在这个时候形象都不怎么样,你自然也不会例外。

37.不可效仿他人的行动。每个人的处境、环境以及氛围都不同,每个人的性格也都各有不同,每个人的行动自然也会有所不同,因此哪怕两个人在做同一件事,实际上那件事并不一样。

我们首先必须学会明辨慎思,然后去选择与自身性格相符合的行动。所以,独创在实践中也是必不可少的,不然的话,我们做出的行动就会与我们的人格不相符。

38.对于别人的意见,不要去反驳,应当这样去想:想要说服一个人放弃他所深信的全部谬误,哪怕像玛土撒拉那样活了近千年的人❶也做不到。

就算是出于好意,也不要去纠正处于交谈中的人;想要伤人很容易,而治病救人就算能做到也很棘手。

倘若我们碰巧听到两人的谈话,我们因为其中的荒谬而感到恼火,我们应这样想:这只不过是一幕由两个傻瓜主演的喜剧而已。历史对此早已给出了证明,在这人世间,倘若有人总是想在最重大的问题上对人进行各种殷殷教导,那么,他能保全自身,就可以说是运气很好了。

39.唯有不带激情的冷静表达才能使人相信自己的判断。所有的热情都源自意志,因此倘若表达的时候含有激情,人们就会认为所做出的这个判断是源自意志的,而不是基于本性上的冷静认知。

对人来说,意志是根基,而认知是对意志的补充,居于第二位,因此人们更相信是因为意志的激动做出了判断,而不太容易相信意志之所以激动是因为做出了判断。

40.就算理由充分,也不要自夸自赞,对此要小心戒备。虚荣太多,而成就寥寥无几。因此,就算我们只是婉转地流露出些微的自我夸赞,人们就会以此来下注,他们都会百倍下注去赌我们所表现出来的其实是虚荣,是不知自吹自擂多么可笑

---

❶ 玛土撒拉(Methuselah),《圣经》所记载之最长寿的人,活了969年。

的虚荣。

但是就算是这样,弗朗西斯·培根[1]依然说过这样的话,"人们的欣赏总会粘上点什么东西",不管是诽谤,还是自夸,全都是如此,所以他认为对自身的赞誉应当适度。他的话有一定的道理。

41. 我们如果怀疑一个人在说谎,那么我们应该摆出一副毫不怀疑的样子,这样一来他会变得胆大,会继续肆无忌惮地说谎,然后就会露馅。倘若我们发现有人隐瞒真相,但却不慎说漏了嘴,我们应对此表现出全然不信,这样他会因为受到质疑而感到恼火,然后会对我们如实地说出真相。

42. 对于我们全部的个人经历,我们应视其为秘密,就算是非常熟悉的人,只要不是他们亲眼所见的,我们应一律默不作声。因为就算我们的行为没有任何瑕疵,倘若他们知道了,就算时过境迁,但仍然有可能给我们带来麻烦。

对某些事情保持沉默,对某些事物发表言论,这两者相比较,前者是机智,而后者则是虚荣,更能彰显聪明才智的显然是前者。

不管是沉默,还是开口,机会是均等的,但沉默带给我们

---

[1] 弗朗西斯·培根(Francis Bacon, 1561—1626),英国哲学家、政治家、科学家。这句话的原话是:"倘若肆意诽谤,众人心头总会粘住点东西。"

的长久好处却总是被我们放弃，反而常常去选择开口给予我们的短暂满足。

突然用一个词语来表达心中的情绪，很大声地自言自语，很可能刚好被机灵的人听到，因此我们不能这样做，应避免养成这样的习惯。倘若这样做，词汇与思想缔结友情，如兄弟般亲密，最后带来的结果是，与别人的交谈成为有声音的思考；但是让我们的言论与思想保持一定的距离才是聪明的做法。

我们有时候会觉得别人可能不会相信某件与我们有关的事，但他们完全没有对此怀疑，却因为我们产生了疑心，他们之后就不再相信；因为觉得别人不可能没有察觉，我们常常会自己露出马脚。

这就和我们因为眩晕从高处一头摔下来是一样的，眩晕是幻觉的一种，以为在这里站不稳，在这里站着委实过于痛苦，因而尽可能地把驻足的时间缩短。

此外，我们要知道，在对待别人的私事上，每个人都是优秀的数学专家，哪怕有些人在其他方面表现得并不聪明，但在这一方面，只要给他们提供一个数字，他们就能由此将算式复杂的答案推算出来。

在给他们说往事的时候，我们不能提到相关人员的特征，还要把所有的姓名都抹去。

我们一定要小心，对于个别能够被完全确定的情景，不管

第五章·忠告和箴言

是多么细小的情景，如具体的时间、地点、旁观者的名字，或者其他与其有间接关联的情况，我们全都不要提及。否则，他们会从中获得一个能够确定的数字，然后他们会凭借数学专家的天分将与这个数字有关的一切全部推算出来。

他们在这里，有着强烈的好奇心，而意志会通过这股强烈的好奇心去激发理智，理智在意志的驱使下直接奔向距离真相很远的结论。人们就是如此，对普遍存在的真理漠不关心，没有任何反应，然而却急于知道个别的真相。

人生智慧的导师们因此极为推崇沉默，并且提出了很多论证，在此我们也应听从这一教诲。只是我想再举几个很少有人听过的阿拉伯格言，这些格言非常睿智、生动。"倘若故人不应知，那便不要对人言。""对于我的秘密，我闭口不谈，它是我的囚徒。""沉默之树所结果实为平安。"

43.钱花得最有价值的时候就是受到欺诈时，因为我们是直接花钱来买教训。

44.虽然对任何人都应该尽可能地不要怀有敌意，但对每个人的言谈举止还是应该留意观察、谨记于心，这样可以等事后（至少价值观要按照我们的来）去对这个人的价值观做出判断，然后以此来决定该如何对待他，时刻要确保性格不会改变。倘若忘记一个人的恶劣品质，那么就好比是随手丢弃辛苦赚到的钱。我们这样做能进行自我保护，不会愚蠢地去相信别人，不会蠢笨地结交坏人。

"既没有爱，也没有恨。"把一半处世的智慧都涵盖了；"不说什么，也不信什么"则涵盖了另一半处世智慧。这些准则以及下面提及的准则之所以是必要的，是因为这是世界的要求，我们应把后背转给这样的世界。

45.勃然大怒、破口大骂、气急败坏，这些不但无用、危险，而且还愚蠢可笑、粗鄙庸俗。仇恨与愤怒，只在行动上表现即可，无须用别的方式来表现。越是想要在行动上完美，越是应该避免其他的表现方式。在动物当中，有毒的是冷血动物。

46."话要说得平淡。"这条古老的准则是由精通人情世故的人提出来的，指的是自己说的是什么要留给别人去领悟，理解起来比较慢，说的人已经走了，听的人还未弄明白。倘若抑扬顿挫地去说话，说明饱含感情，这时候就刚好相反，可能一切都会颠倒过来。就算对某些人实际上是在嘲弄讥讽，只要语气友好、态度礼貌，那么也不会立刻给自己带来麻烦。

怎样对待命运和世道

第四部分　如何面对命运与世道

47.不管人生的形态是怎样的，要素都是一样的。人生的历程，不管是在茅屋、在王宫、在军营、在寺院，从本质上来看，大体都是一样的。

人生有着各种各样的经历，有千变万化的历险，有诡谲难测的命运，就像是各种甜点，尽管色彩各异，形状装饰不同，但说到底都同样是拿面团来制作的。一个人的际遇，对另一个人来说很可能是他的遭遇，然而至于际遇与遭遇究竟相似到什么程度，我们只知道后者在听到别人讲述前者故事之时所做出的想象，远没有际遇与遭遇实际的相似度高。

人生历程就像是在万花筒中看到的画面，尽管每转动一次万花筒，就会看到另外一幅画面，可是我们眼前的万花筒一直是同一个。

48."聪明、强壮以及运气，是世上的三大力量。"古人这句话说得好。在我看来，运气的威力最强。

我们的人生历程，就像是船舶的航行轨迹一般。而命运就如同风一样，我们在好运的推动下快速向前一大段一大段地行进，而噩运则扯着我们一大段一大段地后退。我们面对命运之时，凭借自身奋斗与努力所能起到的效果非常有限，我们的奋斗与努力就像是船桨一样，我们能够前进是因为一直在辛勤地划动船桨，然而一旦刮起逆风，我们眨眼间就会被吹回原地。

风向合适的话，情况则截然不同，我们甚至根本都不用船桨，在风的吹动下船舶就可以前行。西班牙有句谚语对运气的威力形容得最为巧妙："把运气送给儿子，就可以将他抛入大海。"

我们应尽可能不受巧合的摆弄，因为它很可能属于邪恶的力量。给予者有很多，但有一位却不同，他在给予的同时对我们明确昭示：首先，他的恩惠，我们根本不配拥有，我们之所以能够得到施舍，全是因为他仁慈善良，根本不是因为我们自身有价值；其次，我们创造快乐的希望由他的施舍准许，而对于更多无功受禄的施舍，我们也会卑微地期待。

这位特别的给予者是谁呢？自然就是巧合。他懂帝王之术，清楚如何做才会使人更信服，即没有任何效力能够影响他的仁慈与恩宠，没有任何成就能有效果。

回首人生路，我们就会看到过程如迷宫一般七拐八弯，必然会看到许多错过的幸福，也必然会看到许多不幸都是我们主动招惹来的，我们在此时就容易过于自责。

事实上，我们的人生历程并不只是完全属于我们自身，而是源自两大要素：一系列事件是其中一个要素，而我们所做出的一系列决定则是另一个要素。二者一直都彼此纠缠，相互变化。

再者，我们一直都是非常狭隘的，不管是身处事件之时，还是我们需要做出决定之时。我们连对自身决定的预想都谈不上，对种种事件做出预见自然就更谈不上了，我们只有这二者到了眼前，才能做出正确的认识。

所以，只要目标离得远，我们就无法精准地把握航向。对于方向，我们只能去猜测，然后再根据猜测去尽可能地向目标靠近，这也是我们必须时常改道转向的原因。

可以说，根据目前的情况来做出决定，这是我们唯一能做的事情，只能希望我们的决定刚好能够使我们与主要目标接近。在大部分时候，我们的基本意图与各种不同的事件就如同两股力量，只不过这两股力量的方向不一样，我们的人生历程就是这两股力量所生成的对角线。

泰伦提乌斯曾说："人生就如同一场游戏，没有掷出最想要的骰子点，那么就只能仰仗技巧，去对已经碰巧出现的状况做出改善。"我猜他说的游戏是双陆棋。

简单地说就是：命运洗牌，我们打牌。不过更符合我想法的是下面这个比喻——人生如同棋局。尽管我们在计划思考，但我们如何计划是有前提条件的，在下棋时由对手怎么走来决定；而在生活当中，自然由命运来决定。

我们的计划在大部分时候会被做重大修改，等到去落实的时候，也只能模糊地辨认出基本的意图。

在我们的人生历程之中，除此以外还有与以上所提及的各项全然不同的某种东西。

人们实际上并没有多聪明，往往都是自作聪明；这个道理不值一提，可是却总在反复被验证。与此不同的是，人们通常也比自己想的更聪明，然而这点也只有当真如此的人才能发现，而且他们要很晚才会发现。

在我们身上，还有比大脑更具有智慧的某种东西。在人生的历程中，我们遇到紧要时刻，所迈出的关键几步，凭借的不仅是对正确与错误所做出的清晰认知，同时还有对源自内在的冲动的遵照，也许我们可以称其为本能，我们本性埋藏最深的根基是它的来源。

在事后，我们对自身的作为，去用后天得来的，或者说是借来的、清晰却贫乏的概念，在一般原则的参照下，与别人的例子做对比，去做反复的审视，但是却对一点没有做过充分的考虑——"没有一条道理能适用于所有人"[1]。我们在这个时候就很难公平地对待自身。

---

[1] 出自歌德的诗——《倾耳听》。——叔本华注

然而，谁是谁非，到最后自然会分明。活得久的那个幸运儿，不仅具有主观上的判断能力，也具有客观上的判断能力。

也许在这内在冲动的背后做指引的是预知之梦，我们醒来就会忘记这些能够对未来做出预知的梦，无法意识到它的指引。

但是，我们的一生不但如音调一般平稳，而且还犹如戏剧一般完整，这都是因为那些梦的指引。如果没有这种指引的能力，我们大脑中的意识就会左顾右盼，轻易就会做出改变。

比如，某个注定会完成伟大事业的人，正是因为这些梦的引导，所以从少年时开始，就在内心中对这个事业展开了秘密的追求，就像是在搭建蜂巢的蜜蜂一般勤奋努力。

这伟大的事业对他来说，就如同格拉希安所说的"对自身强烈的本能关怀"，如果没有这种关怀就等同于死亡。行事遵照抽象原则，委实不易，而想要取得成功就需要长久的历练，然而并不是每次都可以做好。这些抽象的原则，也不足以经常去对人生做出指导。

某些内在的具体原则是我们每个人都具有的，在我们的血液中流淌，浸入我们的肌肉、骨髓之中，源自我们的全部感觉、思想和愿望。我们在大部分时候对这些原则没有抽象的认识，只有在回顾一生的时候，才会意识到原来这些原则我们一直在遵守，就仿佛我们在被它们用一条肉眼看不到的绳牵着鼻子走，而我们会被这些原则引向幸福还是不幸，则由这些原则的内容来决定。

49.时间的效果要时刻牢记，万物的变动不居要牢牢记住。不管有什么事发生，都应立即往它的反面去想：遇到快乐幸福，就会想到痛苦不幸；看到友谊温暖，就会想到翻脸成敌；天气晴朗，就会想到乌云蔽日；情意绵绵之时，就会想到刻骨的仇恨；坦诚与信任之际，就会想到懊悔与背叛。反过来也是一样的。

真正的处世智慧会因此有了一个源泉，这个源泉永远也不会干涸。不管做什么事，先好好思考之后再去做，这样就很难会受骗上当。

在大部分时候反复思考，只不过是对效果做出预想。不管是哪一种知识，经验都是必不可少的，但经验对我们来说最大的价值是，能够帮助我们对万物万事的变动不居做正确的估计。

所有事物的形态，在它持续存在的那段时间都有充足的存在理由与依据，它都是必然的存在，每一天、每一月、每一年，存在的理由似乎一直都有。

但是，不管是哪一种事物都不可能永远存在，能够永久长存的只有变化。聪明人不但不会被表面的稳定性欺骗，而且还

会对将要朝哪个方向发生变化做出正确的预见。❶

而普通人则刚好相反,在他们看来,事物的暂时状态也会持续很长时间;在他们看来,事物正在进行的方向是不可能改变的。之所以会这样,是因为他们看到的只是结果,对原因完全不明白,而未来改变的因素正好由原因造成。

在这些人看来,结果就是唯一的存在,而结果当中没有任何与未来变化有关的因素。他们对结果很执着,认为结果因为他们不知道的原因发生,也因为他们不知道的原因保持不变。

他们因此而具有一个优势,倘若他们出错,通常都是一起出错,而他们之后遇到的灾难通常都具有普遍性。而那些深谋远虑的聪明人,倘若他们出错,通常都是个别的错误。

在此顺便提一下我的看法,已被上述分析验证,即在由后果开始推断根据的时候,错误通常就发生了。具体请参阅《作为意志和表象的世界》第1卷。

然而我们对时间的预期,只是预见其效果之后产生的预

---

❶ 偶合在人类的所有活动中,有很大的作用空间。倘若对我们产生威胁的危险离我们很远,而我们为了躲避危险而立刻做出牺牲,然而在遇到一个我们全都不曾预见的情况后,危险消失了。此时,对我们来说,不光是白白牺牲,甚至因为事态有变,我们牺牲所带来的改变,在如今反而刚好对我们不利。因此,虽然我们要未雨绸缪,但万不可走太远,要把偶然因素也考虑进去,正视各种风险,希望它能和夹裹雷雨的黑云一般,只是从我们头上飘过。——叔本华注

期，只应是理论上的，而不应在实践中运用，也就是说，不要赶到时间前面，不要在还没有到时间的时候，就去对只有付诸时间才能产生的东西有所要求。

抢在时间前面的那个人，将会知道时间是多么冷酷恶毒，它是最无情的债主，对人放高利贷，倘若有谁想要提前与时间结算，那么时间会跟他索要更高的利息。

比如，有的人为了让树木加快生长，于是用生石灰加温来促进其生长，妄图在短短几天内就能让它长出叶子，然后开花结果，但是树却会因此而枯萎死去。

我们倘若想让某些疾病彻底痊愈，就必须让这些疾病全程自然地走完，这样它们才可能会彻底消失，不会有任何痕迹留下。但是有些人却要求马上恢复健康、即刻痊愈，他们必定会对时间提出提前结算的要求，尽管赶走了疾病，但代价却是身体一生虚弱，慢慢遭罪。

如果一个人在战争时或者时局动荡时急需用钱，为此他只能将土地、房产或者政府债券低价出售，他会折损三分之二，更有甚者可能还会更多；只有留出合适的时间，也就是愿意多等几年，才有可能卖出合适的价钱，但是他却逼迫时间提前来做结算。

还有一种情况，有人需要一笔钱去远行，这笔钱他凭借收入在一两年内就能攒够，然而他却等不及了，于是去借贷，或者从本金中暂时支出，换言之，时间就必须跳跃。这样一来，时间的利息在他的账户上成为不断增长的赤字，一直摆脱不掉。这便是时间的高利贷，做不到等待的人都会变成它的牺牲品。时间本应稳定前进，倘若让它加速就会付出巨大的代价。所以，时间的利息务必不要拖欠。

50.在日常生活中，平庸的人与聪明人有很典型的不同，即在对可能的风险做出评估时，前者回顾与询问的只是已经发生的事，后者则会对可能发生的事情做出思考。后者所想的，与西班牙一句谚语很像，"一整年没发生的事可能几分钟内都会发生"。

当然，在此所讨论的是自然的区别：观看已发生的，只需要感官即可；俯视可能发生的，则需要理智。

不过，向恶魔献祭是我们的座右铭。我们不惜付出额外的努力、金钱与时间，不惜额外牺牲享受、闲暇与舒适，以此来避免可能发生的苦难。我们献上的祭品越丰盛，遭遇苦难的可能性也越小、越渺茫。保险金对这条准则体现得最为清晰。保险金就是祭品，由所有投保人放在恶魔的祭坛之上。

51.不管有什么事发生，都用不着兴高采烈，也用不着痛不欲生。首先，万事变动不居，转瞬就可能会有所逆转；其次，我们常会误判何者有害、何者有利。

每个人几乎都有过这样的经历：在当时为某件事心碎悲

泣，后来发现这件事再好不过；而曾经欢呼雀跃过的事情，日后却成为巨大的痛苦之源。莎士比亚对我推许的这种心态描绘得非常精妙：

> 我已经尝遍了人世的欢乐与痛苦，
> 所以，今后无论享受到任何快乐，或遭遇到任何变故，
> 我都不会得意忘形或惊慌失措。
>
> ——《终成眷属》第三幕第二场

总之，对所有的事故镇定从容面对，意味着对人生可能遭遇的诸多苦难，以及苦难的巨大程度已经有所知晓。那些已经发生的意外，在这些人看来，只不过是将要发生的事故中的极小一部分。这便是所谓斯多亚精神，千万不要忘记人类的真实处境，对人生的可怜悲惨命运要时刻牢记，对人生不计其数的苦难要牢记。

倘若不慎忘记这一点，打量一下周围就能立刻想起。不管身处何境，很快就会看到人们为了没有什么好处，又惨淡悲苦的生存而努力挣扎、艰难搏斗、受苦受难。

我们只要看到这些，就会降低要求，对万事万物的残缺不全学会接纳，对事故的发生时刻预防，首先是躲避，其次是忍耐。

我们要时时牢记一点，那些大大小小的事故，本来就是人生固有的，什么时候都有可能发生。我们不要与贝里斯福特[1]那样的人做朋友，不要像那些痛苦悲伤的人一样，因为每时每刻在人生中发生的悲剧而唉声叹气、愁眉不展，更不应因为只不过被跳蚤咬了一口而大呼小叫、悲痛不已。

我们应与那些审慎虔诚之人一样尽可能地未雨绸缪，对那些天灾人祸防患未然。我们遇到那些大大小小的不幸，应明辨慎思，如狐狸那样聪明伶俐地避开。

某个不幸的事故，我们预测它可能会发生，便如常言所说的那般做了准备，等到它发生的时候，我们也会更容易去承受。这主要可能是因为我们在事故还没有发生的时候，已经将其作为纯粹的可能做了冷静的思考，对悲惨事故的整个过程与各个方面，我们都有了清晰的纵览，我们至少也会认识到它终会结束，我们可以应对，所以事故真发生的时候，我们受到的影响并不会比它真实的分量重。

如果我们没有这样做，对不幸的事故没有做出预先的思考，在发生的时候没有做任何准备，心里充满了恐惧惊愕，乍一看到不幸的事故，对这份不幸到底有多大无法做出准确的估

---

[1] 贝里斯福特（William Beresford，1768—1856），英国将军、政治家。

算。在此时因为它无法估算，对我们来说就很容易显得非常巨大，至少比实际上要大得多。

对情况不了解，对形势无法判断，那么各种风险因此也就比实际显得大。当然，在此还要补充一个原因：在预测各种可能发生的不幸事故的同时，我们也会思考怎样安慰自己，怎样补救，不管怎么说，至少我们对不幸事故的想象已经习惯了。

去相信一个有关意志自由的真理，是平静承受我们身上所发生的不幸事故的最有效的方法。在我的获奖论文中，我对意志之自由的终极基础做了追溯，确立了这个真理。

以下是论文原文内容："但凡发生的，不论大小，必然都会发生。"

我们只要相信这个真理，对避免不了的必然性，很快就能学会怎样去接受；我们只要获得这个认知，就能将一切都视为必然；与众所周知的规律相符合，结果完全不出所料，我们视其为必然；偶然事故造成的偶合，尽管荒谬无比，可我们一样视其为必然。

在此，我引用一段我在《作为意志和表象的世界》中的论述："人对于必然之物以及不可避免之物的认知，能够使心神得到安宁。"

具有这种认知的人，对他必须忍受的一切，首先会尽一切可能去避免，然后会心甘情愿地去忍受。

我们可以这样想，各种各样的小事故，每时每刻都会对我们做出干扰，然而正是因为这样，我们也得到了磨炼，我们遇到重大变故时的承受能力才不会在幸运的时候彻底懈怠，对于普通生活中的拖拖拉拉，人际交往中的琐碎冲突，别人的蛮横无理，人们的闲言碎语，我们必须成为屠龙勇士西格弗里德那样的人，像他那样拥有如兽角一般坚硬的皮肤。

换言之，我们对这些必须彻底没有任何感觉，自然也就更不会把这些放在心头反复琢磨。我们不应让这些靠近，就像路上遇到小石子一样，一脚把它们踢开，绝不要为它们去费神思考。

52.其实人们通常所谓的命运，大部分是他们自身卑劣的作为。人们对荷马所推崇的明辨慎思做不到充分理解，在《伊利亚特》（第23章）中可以见到他的精妙观点。那些丧尽天良的手段，报应在来世；而那些卑劣的手段，此世就得报。当然，正义被慈悲取代，这样的事也常常会发生。

满脸狰狞并不能令人望而生畏，也不会让人不寒而栗，只有聪明才能这样。对人们来说，头脑如同利器，就像是狮子的利爪。

对世事练达到了极致的人，从来不会草率仓促行事，也从来不会三心二意。

53.对我们的幸福来说,除了聪明,勇敢也非常重要。然而我们的聪明并不是自己生成,勇敢也不会自己制造,我们从母亲那里继承了前者,又从父亲那里继承了后者,但是这些禀赋可以通过决心与锻炼得到提高。

在这个世界上,"铁造的骰子决定一切"。我们的心灵也应如铁一般,拿好武器,披上铠甲,抵抗命运。

生活从开始到结束一直都在战斗,我们迈出的每一步都是挑战,就如伏尔泰所说的那般,"在这个世界上,想要有所成就,剑尖必须一直对着别人,武器至死也依然在手中紧握"。

当乌云在头顶聚集的时候,甚至只不过是在天边出现,懦夫就会瑟瑟发抖、叫苦不迭、魂飞魄散,而我们的格言则恰恰相反:

不对邪恶让步,

勇敢面对,努力前进。

天空中只要还能看到一点蓝色,就要对天气充满信心;对险情来说也是如此,只要结局未定,就还是有化险为夷的可能,就应专心抵抗,不可动摇。我们要这样说才对:

纵然世界倒塌,

>　　纵然废墟成堆,
>　　我也毫不气馁。

莫说人生的幸福,哪怕生命本身,也完全配不上我们的心。为此,懦弱蜷缩颤抖:

>　　去勇敢地生活,
>　　坚强面对不幸。

当然,勇敢有变成冒失的可能,所以在这里,不要做得太过了。对于在世界上的处境来说,我们必须保有一定程度的畏惧,而懦弱只不过是因为过于畏惧。

对惊恐的解释,弗朗西斯·培根比普鲁塔克之前的解释更好。

培根说:"生命与畏惧和恐慌因为事物的本性而联结在一起,畏惧与恐慌本来就应该驱走苦难、保全生命。但是人们也因为这个本性做不到适可而止,健康的畏惧与荒谬无据的恐惧也被联结在一处。最后的结果是,只要对万物做深入的观察,尤其是对人做深入的观察,那么便会发现他们充斥的恐慌是长久的。"(《古人的智慧》第6节)

在此顺便说一下，无法清楚地意识到恐慌的理由，是恐慌的特点。对恐慌来说，理由是不知道的，更多是假设的，更有甚者会把恐惧自身当理由。

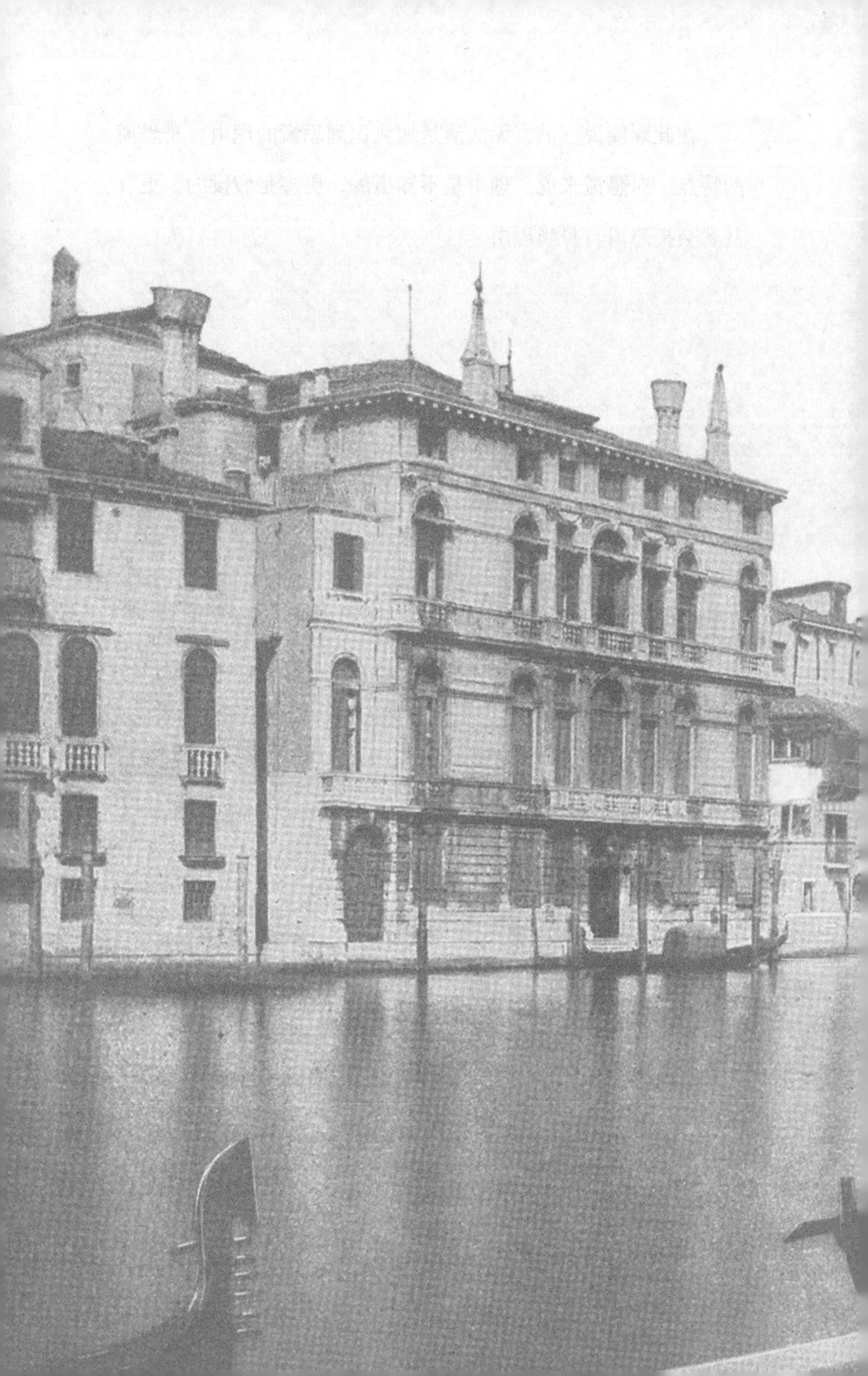

第六章

论人生的各个阶段

前半生为什么更容易快乐

伏尔泰曾有以下观点，我非常认可。

他说："倘若没有与自身年龄符合的心态，那必将受尽属于自身年龄的苦难。"

由此，我们应简单地看看岁月给我们带来了怎样的改变，然后再去结束对幸福的思考。

我们的一生，自始至终能察觉到的只有现在。人生不同阶段的现在也不尽相同，仅有的区别是：我们在人生初始的时候，眼前看到的是漫长的未来；在人生接近终点的时候，我们回头所见是漫长的过去。

我们的性格一生都不会改变，但是我们的性情会产生某些人尽皆知的变化。现在则被性情的每一次变化涂抹上了不一样的色彩。

我在《作为意志和表象的世界》第2卷第31章中曾指出，在童年时，我们的行为更多不是意志活动，而是认知活动。我也对此做了详细的解释。

我们在人生的最初四分之一时间里之所以会感到快乐，正是因为认知比意志多。我们在童年时，与我们有关系的只有极少数的人，我们没有过多的需求，意志很少会被刺激到，我们的生活更多是在认知阶段。

我们的大脑在七岁时就完成了发育，我们的理智与大脑一样，也是很早就发育，尽管它还没有成熟，但在整个世界不断地去"寻找食品"。在童年的世界里，一切都有趣又新奇，充满了各种各样的新事物。

因此，我们的童年就如同一首持续不断的诗歌。诗歌跟其他艺术一样，其本质都在于对柏拉图式理念的把握，即对个体中必不可少的东西的把握，从而把握整个种类的共同属性，在这一认知的过程中，出现的每个事物，都是其种类的代表，一个实例代表的是成百上千的实例。

从表面上看，我们在童年时关注的只是那时的个别事件或者个别事物，更有甚者，我们之所以会对它关注，只不过是因为我们的瞬时意志被其引发。但是事实并非如此。

童年之时，生活还是那么鲜活新颖地在我们面前呈现，它所给予我们的感觉印象没有因为重复而变得迟钝，还是充满意义的。

我们一边在忙着参加各种幼稚的活动，一边在对个别场景与过程的观察中，认知生命的本质、生命的形态与表现的基本类型。

我们的认知没有任何目的，是悄悄进行的。诚如斯宾诺莎说的那样，在对人和物进行观察的时候，我们所看到的是他们的永恒性。我们年龄越小，每个个体代表全体的程度越大。

个体代表全体的程度随着年龄的增长而不断下降，所以，我们少年时对事物留下的印象与成年时截然不同。

可以说：人生在童年时，就像是离我们很远的舞台布景；而到了老年时，人生依然还是这个舞台布景，只是距离我们很近。

童年之所以会快乐幸福，还有以下原因：各种树木在初春之际，颜色一样，形状相似；而我们也是如此，在年幼的时候彼此一样，非常亲密。不过，等到了青春期就开始渐渐出现差异，这种差异越来越大，就如同圆规的半径越大，画出的圆的半径也就越大是一样的道理。

前半生比后半生有很多优越的地方。然而，在快乐的童年结束后，到了青年时代，也就是前半生的其余部分，就会感到烦恼忧郁，更有甚者会感到不幸与痛苦。究其根源，就是因为对幸福的追求，相信幸福必然会在生活中找到，但最终的结果是，希望不断破灭，不满不断产生。

梦想的幸福是摇摆不定的，它只是飘浮在我们心中的虚幻影像，而我们却企图去追寻它的原型，那必然是徒劳无功的。

所以不管处境怎么样，我们在少年时大体上都是不满意的。人生本来就是悲惨的、空虚的，可我们却对它一直抱有期待，鉴于我们在少年时只是对人生刚开始了解，因此我们认为所有的烦恼都是因为我们的处境才会产生。

倘若能早点受到教育，在少年时就除掉幻想，不会再妄图向世界过多索取，那无疑会有巨大的获益。但事实却与我们所想的不同，我们在少年时对人生的了解并不是源自现实的生活，而大多是源自虚构的艺术。

我们正处于青春年华，旭日东升，我们眼前展现的是艺术虚构的画面，我们渴望看到美景化为现实，而这种渴望被艺术虚构的画面激发出来，我们想要把彩虹握在手中。

少年对人生的期待就是一部吸引人的小说，幻想也就随之而生，在《作为意志和表象的世界》第2卷我就已经对这一点做过阐述。图画之所以会撩动人心，正是因为它们并不是真实的，只不过是图画而已。

倘若要把图画转变为现实，就需要让意志来把它填满，但是意志必然会带来痛苦。

对幸福无休无止的渴望是前半生的特点，而提心吊胆地躲避则是后半生的特点。

因为幸福是虚幻的，不是真实的，而痛苦是真实的，不是虚幻的。我们到了后半生，便会对此有不同程度的认识。性格

相对理智的人，追求得更多的不是快乐享受，而是没有痛苦烦恼。❶

年少时，只要门铃响起，我便会感到由衷的欢喜，认为它可算来了。不过等到了年老时，门铃响起的时候，我却仿佛听到了警报，它真的还是来了。

那些天赋卓越的人，正是因为杰出卓越，因此对人世做不到完全适应，他们落落寡合，越出色，越孤独。

对于生活的认识，他们有两种相互矛盾的感受：年轻时常会觉得被世界遗弃，往后的岁月中却会觉得自己逃离了众人。

之所以会有第一种感受，是因为自己对人情世故不了解，因此而忐忑不安；而之所以会有第二种感受，是因为自身对人心世道已经有所了解，这让他们感到愉快欣慰。

人生的后半部分就相当于音乐作品的下篇，内容包含了更多的放松平静，而少了奋斗与执着。

这是因为在年轻的时候，我们会觉得世上本就有妙不可言的幸福与快乐，只是想要获得极为困难；而等上了年纪之后，知道世上本就没有什么可以收获的，因此能做到平心静气，去享受可以忍耐的当下，甚至会从细小的琐事中获得乐趣。

一个成熟的人，会从生活的经历中收获公正与客观，然后

---

❶ 年老后，对如何躲避不幸更擅长；年轻时，对如何承受不幸更擅长。——叔本华注

他就不会再用少年儿童的视角去看待世界。

他看待万物的角度是朴素的、客观的，万物是什么，他就如何去看。

儿童与少年则不同，他们自我创造了愚蠢的念头，继承了偏见，产生了奇怪的幻觉，能够欺骗人的图像就这样形成了，真实的世界就这样被歪曲、被掩盖了。那些我们在少年时被灌输的虚假荒谬的概念，如果我们想要摆脱，就要依靠人生经历，这是我们所能做的头等大事。

应当教育青少年拒绝接受这类概念，只是这种负面的，但也是最好的教育，很难做到。

倘若想让这个目标实现的话，在一开始我们就应该让孩子的视野尽可能地狭窄，同时将正确的、清晰的概念灌输给他，等到他对视野内的一切都能有正确的认知之后，我们再去拓宽他的视野，要时刻注意在整个过程中不要留下任何模糊不清的、理解不透彻的或者理解片面扭曲的内容。

尽管他对事物和人际关系的概念是有限的、简单的，却是正确的、清晰的，因此他需要的不是纠正，而是拓展。就这样一直进行到他成长为青少年为止。

禁止少年人读小说是这个教育方法的特殊要求，这个教育方法只允许少年人去阅读适宜的传记，比如《富兰克林自传》、莫里茨的《安东·赖泽尔》等。

我们在年轻的时候会误认为，倘若有些人、有些事对我们的一生影响巨大，那么事情发生的时候必然是轰轰烈烈的，人物登场之时，必然鼓乐喧天；而等我们老了以后，回顾以往的时候，才明白一切皆是静悄悄地来，几乎难以察觉。

如果从以上角度来看的话，我们可以用一幅刺绣来形容人生，刺绣的正面是前半生，而背面则是后半生。尽管背面并没有那么美丽，但是我们更能从中受益，因为我们从中清晰地看到了丝线之间的脉络关联。

尽管精神优越是最大的优势，但这种优势要到四十岁以后才会显现出来，在交谈中发挥出来的威力能够压倒一切。

将成熟的年龄与丰富的阅历比较，精神优越能强过它们很多倍，但却永远不能取而代之。所以，平庸的人能够从年龄与阅历中获得一定的力量，这种力量能够使他们与精神杰出的人相抗衡，前提是后者还年轻。

当然，我在此说的年轻指的只是年纪，并不是说后者创作的作品稚嫩。

人类中天赋低微者占了六分之五。而那些具有某种优秀特质的人不属此列，他们在四十岁以后对人类大多有些厌憎。

他们也曾拿自己的想法来对别人进行揣度，但却越来越失望，因为他们发现，不是在头脑上，就是在心灵上，大部分时候两者都有，别人总是无法与他们比肩，总是落在他们身后，所以他们会想避免与其他人有往来。他们对孤独喜爱或者憎恨的程度，由他们内在价值的高低来决定，孤独就是与自身为伴。

在《判断力批判》的第1篇中，康德对人类的这种憎恶也做过讨论。

倘若一个人明明很年轻，却早早就懂得为人处世的道理，甚至能够做到左右逢源、洞察世事，就好像早已有所准备，那么不管是从道德上来看，还是从精神上来看，都不是什么好事，这无异于在宣告这是个庸俗的人。

反之，倘若年轻人在人世间笨手笨脚、犹豫不决、手忙脚乱、错误百出，则预示着他具备高贵的品格。

我们在少年时有十足的生存勇气，快乐欢喜，在某种程度上是因为我们正在上山，看不到另一侧山脚下的死亡。

不过，等我们登上山顶之后，我们便看到了以前只是听说过的、真实的死亡，同时我们的生命力也在衰退，我们的生存勇气也开始减少。

而此时在我们的脸上，年轻时的张狂被严肃的忧郁所取代。不管别人怎么说，只要我们还年轻，我们都会认为生命是没有终点的，并因此挥霍时间。

我们年纪越大，也就会越珍惜时间。我们老年时度过的每一天，就相当于被押上绞刑架的犯人朝着绞刑架又前进了一步。

在少年看来，人生的未来没有尽头；在老年人看来，人生只是短暂的过去。人生之路在初始之时，看上去很漫长，就像我们把望远镜倒转过来所看到的那样；人生之路到了末尾之时，又极为短暂，就像我们正常使用望远镜所看到的景象那样。

上了年纪，活得久了，才会知道人生是多么短暂。年纪越大，人生的万事越显得渺小。少年时，生命在面前矗立，如山一样稳固；年老后，生命如同转瞬即逝的浮云，世间的万事万物，最终都会消失。少年时，时间走得缓慢。所以人生最初的四分之一，最快乐，也最长久，能回忆的也最多。

回首往事的时候，会发现这段时间的故事比之后的中年期和老年期加起来还多。这段时间就像一年当中的春天一般，日子长得让人厌倦。而中年期和老年期，日子变短了，但却更晴朗，也更安稳，正如一年当中的秋天一样。

为什么老年人在回首生命的历程时会觉得非常短暂？这是因为对生命的记忆是短暂的，所以就会觉得生命也同样是短暂的。

记忆中的那些琐碎小事，全都流失了；脑海中那些不愉快的经历，大部分都消散了；记忆中没有留下多少。我们的记忆同心智一样非常不健全。

因此，学习过的东西必须勤加练习，而经历的往事则应反复回味，不然的话，这两者都会坠入遗忘的深渊。

一般来说，我们不去回味琐碎小事，不愿意回味不愉快的经历。但是，如果想要记住的话，那就必须去回味。

此外，那些琐碎的小事每天都在增加，每月都在变多。这是因为，有很多事一开始对我们来说很重要，但在无数次重复之后，这些事也就会渐渐变得琐碎起来。所以将我们对早年的记忆与对后来岁月的记忆对比的话，显然前者更清晰。

只有经过回味，才能牢记一件事，但随着年纪的增长，能让我们觉得重要的事以及值得回味的事变得越来越少。只要事情一结束，我们转瞬即忘。时间就这样没有声息地消逝。

那些不愉快的经历，或者说至少那些对我们的虚荣心有过伤害的、不愉快的经历，我们不愿意再去回顾。

可是大部分不愉快的经历伤害的都只是我们的虚荣心，这是因为很少会有我们无辜遭遇不愉快的情况发生。

因此，我们将很多不愉快的经历抛于脑后。我们的记忆正是因为这两种流失才会变得那么短暂。

记忆的内容离现在越遥远，记忆也就越短暂。我们乘船的时候，离岸边越远，岸上的景物看上去就越小，也越发难以辨认。那些过去的时光，以前的言行与经历，也是这样。

距离我们生命已经十分遥远的一幕，被回忆与想象在我们眼前生动地呈现出来，如昨日才发生的一般鲜明。此刻与彼时之间有着漫长的时光，然而那段时光已经消逝，我们对那段时光不可能做出这么生动的想象。

像俯视画面一样俯视时间是做不到的，发生在这段时间的事情，大多已被遗忘，只有与它们有关的抽象知识，还有苍白的无形无象的概念被留了下来。

个别往事，明明很遥远，却如同发生在昨日那般，而过去到现在的时光已消逝，整个生命看上去是那么短暂。

有时，我们漫长的过去与我们自身的老迈，如同魔幻一般同时呈现在我们眼前。这是因为眼前的现在总是我们首先看到的。

说到底，这些内心历程的产生，不是因为实相自身，而是因为只有我们的实相依存于时间，现在才是主观与客观的交汇点。

至于少年人为何会认为他们眼前所看到的生活是漫长的、没有尽头的，那是因为他们心中充满了无限的希望，他们必须为这些希望留下足够的空间，他们要去尽可能地一一实现这些希望。

少年身后没有多少岁月，可他们这段时间值得记忆的内容很丰富，因此也记得更长久。所有的一切都因为新鲜而显得越发重要，也因为新鲜而得到反复回味，在记忆中常常重复，使记忆得到加深。他们衡量未来日子的尺度是身后那几年，所以他们自然会觉得生活漫长又没有尽头。

我们有时觉得是在回首眺望一个遥远的地方，实际上我们在青春年华正好之时曾在那里度过，我们是在回顾那段时光。我们被戴上空间面具的时间欺骗。倘若当真去了那个遥远的地方，我们便会知道自己被骗了。

生命的意识如何影响后半生

倘若想要长寿，身体健康是前提。长寿只有两条路，如点亮一盏灯一般。一盏灯，灯油少却能长明，是因为灯芯很细；而另一盏灯，灯芯很粗也能长明，是因为灯油很多。灯油就好比是生命力，灯芯则是对生命力的各种不同的损耗。

对生命力来说，我们在三十六岁之前，就相当于是以利息谋生的人：今日的开销，明天会再有。

但我们吃老本就是从这一年开始的。一开始几乎没有察觉到，大部分支出还能再生，少许亏空可以忽略不计。但亏空会越来越大，越来越显眼，增长也越来越快，长此以往，也越来越穷，无法控制。

亏空快速增长，就相当于身体日益衰败，到最后什么也剩不下。在此，我把生命力看作财富。

如果这两者每天都在同时减少，那可实在是让人难过。也正是这个缘故，人上了年纪后，越发喜爱财富。而相反的情况则是，从出生到成年，乃至到成年后的一段日子，对生命力来说，我们就像是每天在本金中存入一部分利息，这笔支出完全可以再生，本金也在增长。

金钱有时候就是这样，但负责照看的托管人要诚实可靠。青春年少，是何等快乐！迟暮老去，是何等可悲！

不过就算是这样，年轻的时候精力还是要节省。亚里士多德留意到，在拿到奥林匹克比赛冠军的人当中，少年时与成年时都夺冠的寥寥无几，因为他们的体力被少年时的训练透支，这就导致他们在成年之后没有充足的体力。

体力是这样，那么在智力活动中一直不可缺少的精神更是这样。那些由严厉家教培养出来的神童，尽管少年时会令人惊艳，但在成年之后却平平无奇。

很多学识丰富的人，是非不分，乏味又迟钝，很可能是因为在童年时被强迫去学习古老的语言所致。

在前文中我曾说过，差不多每个人的性格都与某个年龄段最为相符，因此在这个相符的年龄段，他会有最佳的表现。

有的人少年时风度翩翩，之后却魅力消失；有的人中年时有着旺盛的精力，有所作为，上了年纪后却没有任何优点；有的人暮年时却风华最好，有丰富的阅历，温和又宽厚，放松又淡定。

之所以会这样，是因为性格中就有某种东西，这种东西是青年、中年、老年所特有的，各个年龄段要么与之符合，要么与之偏离。

我们在船上看到岸边景物一点点往后退，变得越来越小，这才对自己正在前行有所意识。意识到越来越多年龄大的人成为我们眼中的年轻人，我们才会对自己已经变老，并且变得越来越老有所察觉。

年龄越大，那些见闻、作为以及亲身经历能够在心中留下的痕迹也就越少。至于是何缘故，过程怎样，在前文中已阐述过。

由此来看，我们完全自觉地活着只在少年时；年老之后，生命的意识直接少了一半。

年龄越大，对生命的意识也越来越弱——一切事匆匆而过，不曾留下丝毫痕迹，就像艺术品一样，在看过千百遍之后能做到熟视无睹，应该做什么，就去做什么，至于做了与否，全然没有感觉。

对生活的意识也越来越淡薄，生命向彻底的无意识加速前进，时间因此过得越来越快。

儿童时期，有着旺盛的好奇心，将万事万物都纳入意识之中，因此每一天都是那么漫长，像没有尽头一样。外出旅行一个月，却感觉比居家四个月的时间还要长，这是同一个道理。

但不管是儿童时，还是在旅行时，时间固然会因为事物的新奇而显得比较长，也会因为事物的新奇而变得无聊，甚至比年长后还要无聊，比居家时还要无聊。

对于相同的感知有了长期的习惯，理智渐渐被磨平，被打磨得光滑，于是万事万物逐渐流畅地滑了过去，没有痕迹留下，日子也就因此越发平淡，越发短了起来。对少年来说，他们的一小时要比老人的一整天还要漫长。

可见，在我们的一生中，时间就像是从高处滚下来的圆球一样，一直在加速运动。转动的圆盘上，离圆心越远的点，运动的速度也会越快。同样，时间离生命的开端越远，就会跑得越快。

因此，从我们心灵做出直觉判断，一年的长度与其在年龄上所占的份额成正比。比如，占据年龄五分之一的一年，是占据年龄五十分之一的一年的十倍长。

人生各个阶段时间速度的差异

我们在人生的各个阶段中，时间速度的差异对我们的总体生活方式具有决定性的影响。首先，少年时代是生命中最漫长的一个时期，就算它只有十五年，却留下了最丰富的回忆。

少年时代结束后，年龄越大，越少会受到无聊的困扰。儿童一直需要活动来排遣时光，不管是游戏，还是劳动，他们会因为没有这样的活动而立刻感到无聊，感到煎熬难耐。

无聊也会对青年造成困扰，只要空闲那么几小时，他们便会坐立不安。到了中年，无聊就开始减少。而年老后，时间则太短，日子如飞梭一般过得飞快。当然我在此说的不是年老的动物，而是老人。

由于时间提速，对后半生来说，无聊基本消失了。同时，因为激情开始消退，由激情所带来的折磨也跟着消散。所以，总体来说，只要身体健康，从中年开始，生活负担比年轻时的确减轻不少。

因此，人们用"最佳年华"来称呼这段衰败老迈开始之前的时间。从舒适度上来看，也许的确是这样。

万事万物在青年时期都留下了印象，这些印象鲜明生动地进入我们的意识，所以青年时期是最佳年华的开拓者，是养气生血的春日，精神在这个时期开花授粉。

对于深刻的真理，不能计算，只能直观。换言之，初次认识它是一种直接认识，由当下的印象所唤醒。我们之所以能直接看到深刻的真理，是因为印象生动、深刻、强烈。

由此可见，这一切都由怎样使用青年时期来决定。我们在后半生能影响较多的人，甚至会对世界产生影响，因为我们自身已圆满、自成一体，不再依靠印象，所受到的世界影响变小了。因此，中年时期是建功立业的时期，而青年时期则是去对理解与认知进行创造的时期。

年轻时直观占据支配地位，年老后思考居于主导地位，因此，诗歌适合青年，而哲学则更适合老年人。

年轻人行事凭印象，而老年人行事前会好好思考。其中一个原因是，年老后，经历了足够多的具体事例，这样才会从概念层面把握好这些事情，能够完全理解它们的意识形态、意义与价值，同时还能在习惯的作用下，削弱直观印象的影响。

而青少年则相反，对他们来说，尤其是对那些富于幻想、头脑活跃的青少年来说，压倒一切的是直观印象与事物的外表，因此他们把世界视作一幅画。而在这幅画中，他们要摆出什么姿态、做出什么样子来，也就是他们内心所希望自身具备的形象，这才是他们所关心的。

能体现这一点的是：青少年对梳妆打扮很在意，会去追求个人虚荣。

青年时代无疑是最为专注、精力也最为充沛的时期，可以持续到三十五岁，之后就开始衰退，虽然衰退的速度很慢。但之后的岁月，包括老年时期，对此做出了精神上的补偿。

一个人的学问与经验在老了以后才真正成熟起来。老年人不但有时间，而且也有机会，能够对事物全面地观察与思考，去发现各个事物之间的关联，去将各个联结点与组成部分找出来，然后终于能将事物的完整面貌看清。

　　那些年轻时就知道的事，年老后依然会知道，而且会有更彻底的认识，每个概念在年老后有了更多的实例。

　　年轻时以为自己知道，但实际并不知道的事物，年老后不但的确知道，而且还会知道得更多，这时候的知识源自全面的思考，能支配事物本来的相互关系。

　　我们年轻时的知识总是残缺破碎的，只有活到老的人对人生的认识是完整的、恰当的。他经历了整个人生，走完了人生的自然过程。

　　与老人不同的是，青少年看到的只是人生的开端，而老人看到的不只是开端，还有结尾。因此，当青少年仍沉迷妄想，认为正义终有一日会到来的时候，老人对人生的虚无已经彻底认清。

　　年轻时，头脑更多是孕育观念，尽管所知不多，但却能凭借这不多的知识去制造很多的概念；年老后，头脑中的判断、透视与洞察更多。

　　一个具有优越精神禀赋的人，注定要为世界献上由他独创的观点，献上越来越深奥的知识。他在年轻时已收集了与这些知识与观点相关的材料，但只有到了后半生，才能将它们彻底掌握。

所以，我们会发现，通常在五十岁左右，大作家才会创作出巨著来。然而，果实虽然挂在树冠上，但青少年时才是知识之树扎下根基的时候。

不管哪个时代，哪怕是最愚昧的时代，都自认为比刚结束的时代聪明，也比之前更早的时代聪明；处于人生的各个年龄阶段的我们也是这样的。但是这两者常常是错误的。

身体在成长发育的时候，知识与精神也跟着每日增长，因此，今天的我们习惯了轻视昨天的我们。精神在年长后渐渐开始衰退，今天的我们对昨天的我们理应怀着更多的敬意，但积习难改，因此我们对青少年时代所取得的成就以及做出的判断，往往评价过低。

总之，从基本特征来看，人的理智、头脑是天生的，就跟性格、心灵一样，但后者终生不变，而前者却会经历许多变化，这不仅因为理智具有生理基础，还因为理智有经验素材。

理智的力量是逐渐成长到巅峰的，然后再逐渐衰退。而经验素材能够让各种精神的活跃状态得以保持，属于思维与认知的范畴。随着它的不断增长，知识、经验、实践也跟着一起增长，而见解也跟着不断完善。

这个增长的过程会一直持续，直到心智发生了具有决定性的、大幅度的衰退为止。人生的历程包含两个基本要素：一是根本不变；二是变动不居。而变动的方式又是互相作用的。

在不同的年龄阶段，人生的形态各不相同，而价值却有着巨大的差别，这就是原因所在。

从广义上来看，我们能这样说：我们可以把人生前四十年比作文本，而后三十年则是对文本的注释。注释能够帮助我们对文本的真正含义与逻辑关系做出正确的理解，得出明确的结论，欣赏它的精妙。

人生快要结束之时，就相当于化装舞会散场的时候，已经摘下了面具。我们此时便会看到一生所接触过的人的真面目。

性格已经无从遮掩，行为已经看到结果，成就得到适宜的颂扬，所有骗人的伎俩已经被拆穿。这所有的一切，需要的只是时间。

最奇怪的是，人只有到了生命的终点，才会真正认清楚自身，才会真正弄明白自身的目标，尤其是与世界和他人的关系。

我们这时候经常会发现对自身定位过高，然后去将自己的位置调低。当然有时候也会将自身的地位抬高，在此之前对世界上的下流卑鄙没有做出充分估计，因此将自身的目标定得对于这一世界来说太高了。我们对自身究竟有什么终于能有所体会。

明白生死转换的魔法

我们习惯把少年时代称为人生的幸福时代，而称老年时代为悲惨时代。倘若幸福是由激情创造的，那么上面的观点也就成立了。但实际上，少年人陷于激情之中，得到的痛苦远多于欢乐。

对冷静的老年人来说，则刚好相反，他们不再受到激情的骚扰，他们具备了沉思的面貌，这是因为认知拥有了自由，占据了主导地位。知识本身并没有痛苦，在意识中，它越占主导地位，意识就越快乐。

我们应该明白，从本质上来看，所有快乐都是负面的，而所有痛苦则都是正面的。认识到这一点，就会清楚激情并不会让人感到幸福，就会明白因为失去一些快乐而抱怨年老是不应该的。

快乐一直在平息欲望，没有欲望，也就没有了快乐，就如同在饱餐后吃不下甜点，就相当于明明睡得正香却必须清醒过来，为此悲叹不值得。与众人相比，柏拉图的观点更为正确。在《国家篇》的开头，他说："老年时，可真幸福，因为情欲终于离开了我们，我们之前一直因它而不得安宁。"

我们甚至可以说，人只要还会受到情欲的影响，就还会受这个魔鬼的操控——情欲产生的那些花样繁多、连续不断的奇思怪想，以及因为这些古怪想法而生成的情感，让人一直处于一种轻度疯狂的状态。我们想要变得完全理性，只有摆脱情欲才能做到。

总之，姑且不提个人的情况与处境，少年人本来就具有某种悲伤与忧愁，而老年人本来就具有某种喜悦与欣慰。因为少年仍由魔鬼来统治，受魔鬼的奴役，而魔鬼可不会让他轻松地闲下来，而会带给他各种刺激，给他直接或者间接地制造各种遇到的或者畏惧的烦恼。

老年人终于挣脱了束缚多年的脚镣，能够自由行走，为此而感到欣慰。当然，这样说也可以，情欲消失后，生命的真正的种子已枯萎，留下的只是生命的空壳，甚至我们可以将其比作一场喜剧，一开始表演的是人，后来则是机器在表演，只不过机器穿戴了人的衣服帽子而已。

不管怎么说，少年时代是躁动的，老年时代则是安宁的。

儿童的双手竭力伸向前方变化多端、让人眼花缭乱的万物，他如饥似渴，而万物在撩拨他，他的感官还是年轻新鲜的。少年也是这个样子，只是精力会更旺盛。世界摇曳多姿，又五光十色，少年会对世界产生各种各样的憧憬，这些憧憬远比世界所能提供的一切还要多。

他对不确定性满心渴望、全情盼望，因此他失去了安宁，没有安宁也就不会有幸福。而老年人则放下了一切，一是因为

第 六 章 · 论人生的各个阶段

他们的血液不再滚烫，感官不再敏锐；二是因为万物的价值与快乐的内容已经被经验揭示了，我们在这个过程中，渐渐抛弃了那些掩盖歪曲事物纯粹本相的臆想幻觉与成见。

我们能看到万事万物的真正面目，对一切能得出更清晰、更正确的认识。

也正是因为如此，几乎所有的老年人都能表现出一种与年轻人有所不同的睿智，哪怕是那些平庸的老人也是如此。精神的安宁，主要来源在此。安宁是幸福的主体，是幸福的基础，是幸福的本质要素。

在少年人看来，只有他们能够知道奇妙的幸福在哪里，他们才能得到幸福；而老年人则深谙《传道书》中所说的"一切皆为虚空"，他们知道不管外表多么金光闪闪，空壳始终就只是空壳。

只有到晚年之时，才能真正获得贺拉斯所说的无所敬畏，对万物皆空才会坚定正确、直截了当地深信不疑，相信世界上的所有荣华富贵不过只是虚妄。幻象在此时销声匿迹。

宫廷也好，草棚也罢，不管处于什么地方，他不再认为会有某种特别的幸福，会比他的身体或者精神，在没有痛苦的时候能享受到的幸福要大。

在他看来，伟大与渺小、高贵与卑微，这些由世界的尺度所做出的衡量，已没有什么区别。

老年人因此获得了一种特别的安宁,他面带微笑地俯视世界的幻象。他已失望至极,他清楚,不管众人如何装饰,但透过重重粉饰,人生很快就会显露出它原本的惨淡贫瘠。衡量人生真正价值的标准,不是快乐的出场,更不是金碧辉煌,而是痛苦的缺席。❶

幻灭是高龄的基本特征,那些能使生命情趣与活动得到刺激的幻觉已经消失。他对世间的一切快乐,尤其是虚妄空洞的荣华富贵,早已看透。我们朝思暮想、孜孜以求的快乐,他已体验过,且觉得不值一提;对我们全部生存的贫困与空虚,他逐渐彻底领悟。

《传道书》的第1节中说:"传道者说,虚空的虚空,虚空的虚空,一切都是虚空。"一个人只有年过七旬才能完全理解。但也正是因此,老年人脸色阴沉。

人们通常会觉得,老年人必然身体抱恙,非常无聊。事实上,年老时身体并不一定会有疾病,倘若人的寿命长,那就更不会了。虽然疾病会随着年龄增长而增多,但老年人精神上更为健康了。

前文已经对无聊做过说明,老年人和年轻人不同,不会轻易就受到无聊的干扰。

不过显然,年老必然会孤独,但孤独绝对与无聊无关。有

---

❶ 莫要抱怨——财物够用,绝非穷困。——叔本华注

的人只会感官享受，只喜欢社交的快乐，对精神世界不予以关注，不去对思想力量进行培养，这些人才会因为年老孤独而感到落寞。

尽管老年人的精力会有所衰退，但不管衰退了多少，余下的那些足以战胜无聊。

人老了以后，因为见多识广、久经历练，能够深思熟虑，真知灼见每天都在增长，关系看得越来越明白，判断也越来越敏锐；越来越会总揽全局；将积累多年的知识，重新进行组合，偶尔获得补充，各个知识的片段使内心深处的自我修炼不断发展，使精神活跃、平和，给予精神奖励。

这一切，在某种程度上对心智的衰退有所弥补。在此，如上所述，年老后时间过得也比以前快得多，这对无聊也有克制作用。倘若老年人谋生不需要依靠体力，那体力的衰退也就无所谓了。

年老贫困是巨大的痛苦。保持健康，避开贫困，老年这段时光，在生命中也是可以忍受的。舒适与平安是老年人的主要追求，人老了以后会比以前更喜爱钱财，因为丧失的体力与精力能够由金钱来替代。

遭到爱神维纳斯的驱逐，老人就会愿意去酒神巴克科斯那里寻找乐子。好为人师、絮絮叨叨取代了旅游观光与学习新知识的需求。倘若老年人依然喜欢读书学习，依然喜欢喜剧音乐，依然能在一定程度上对外界做出感知，那便是极大的幸福，有的老人也的确做到了，一直到生命结束为止。

如果有真正属于自身的东西，那么在年老以后无疑受益匪浅。然而大部分人一直都是愚钝的，年纪越大，越像机器人，他们的思想、言论、行动全都不变，对外界的印象已无法改变，也不会再有创新。与这样的老人交谈，就如同在沙子上写字，字迹很快就会消失不见。这种年迈，只是生命的余灰。到了老年，人就会进入第二段童年期，这点的自然象征则是，老人有时会长出第三茬牙齿，当然这是极罕见的个例。

体力与精力随着年龄的增长而与日俱减，年纪越大，衰减得越快，这虽然会令人感到难过，但却是必然的过程，而且是有好处的。

不然的话，死亡会因为不曾准备而过于沉重，没有病痛、轻松安宁、无声无息、安然辞世，这是对活得久的人的最高奖励。关于这一点，在我的其他作品中有过讨论。

吠陀哲人在《奥义书》（第1卷）中，将人的自然寿命设定为一百年。对于这个设定，我相信是正确的，因为我注意到，在一定程度上安然辞世的只有年过九十的人。

也就是说，他们死的时候没有疾病，没有中风痉挛，没有呻吟，更有甚者脸色都不曾变得苍白，大部分是坐着，甚至是刚吃完饭。

与其说他们死了，不如说他们只是停止生活。没有活到这个年纪就去世的，大多死于疾病，也就是说，还没到死的时候就死了。❶

事实上，人生既不能说长，也不能说短❷，因为可以将人生看作一把尺子，我们用它去衡量其他时段的长短。

生活是少年人的前景，死亡则是老年人的前景；少年人的过去是短短的，而未来则是长长的，老年人则刚好相反。这是少年与老年之间永恒的区别。人老后，前面等着的只有死亡；年轻时，生活在前面招手。

如果要问这两者，哪个更让人忧虑不安，或者问，生命在后与生命在前，哪个更好？《传道书》（第7章）是这样说的："人死后的日子好过人活着的日子。"不管怎么说，想要活得长久是个大胆的愿望。西班牙的一句谚语已将原因说明："活得越久，经历的邪恶越多。"

---

❶《旧约》中，对人的寿命设定为七十岁，最高能活到八十岁。此外，希罗多德在《历史》中有相同的说法。但这是错误的说法。它的根据是对日常经验的肤浅粗糙的理解。因为倘若人的自然寿命是七十岁到八十岁，那么到了这个年纪的人必然是老死的，但事实不是这样。他们也会和那些年龄比较小的一样死于疾病。可以从本质上来说，疾病是一种异常，死于疾病的话，不能视为自然的终结。那些在九十岁到一百岁去世的人，通常都是无疾而终，他们才是老死的。他们没有过呻吟，不曾痉挛，没有过垂死挣扎，有时脸色都不会变得苍白。所以，《吠陀经》中把人的自然寿命设定为一百岁，这才是正确的。——叔本华注

❷ 因为无论人能活多久，除了不可分割的现在，再没别的能察觉到。然而，记忆会因为遗忘而天天受损，而损失的幅度比增长的幅度要大。——叔本华注

占星师认为，行星能够对个人的生命历程做出预示，这是一厢情愿的想法，实际上二者没有任何关系。

不过总的来说，如果将人生的各个年龄阶段，按照顺序分别来与一个行星对应的话，那么也许各个行星会按照次序做生命历程的主宰者。

十岁时，人就和主宰他的信使神（水星）一样，运行轨道最短，动作轻盈，速度快，遇到琐碎小事就会改变主意，但他在智慧与口才之神的主导下，学得快而多。

二十岁时，由爱神星（金星）主宰，占据他全副身心的是爱情与女性。

到了三十岁之时，由战神星（火星）主宰，他彪悍强壮、敢作敢为、勇猛好斗。

四十岁后，由四个小行星来主导，他的生活会从多方面展开：由谷神星主宰时，他勤俭节约，看重时效；由灶神星庇护时，他能吃得上饭，有自己的灶台锅具；由智神星主宰时，他能学会需要的知识；他的妻子，家中的女主人，会像朱诺❶那样去操持家事。❷

---

❶ 朱诺（Juno），罗马神话中天神朱庇特的妻子。

❷ 大约有六十个小行星是后来发现的，但我并不想去了解它们。我拿对待哲学教授的方式来对待它们：完全不予理睬，因为与我没有任何关系。——叔本华注

五十岁以后，由朱庇特（木星）来掌管。此时许多同龄人已经去世，他觉得自己比当下这代人都要优秀。他依然有充沛的精力、丰富的阅历，见多识广。对周围人来说，他具有权威性（具体情况由他的个性与处境来决定）。

他因此不想再听别人的命令，他选择发号施令。此时，最适合他的是在他擅长的领域做主管与向导。

最终，他成为朱庇特，五十岁也宣告结束，紧接着登场的是六十岁，由农神星（土星）来主宰，与它一起到来的，还有如铅砣一般的沉重、僵硬、迟缓：

可，老者大多就像已经死亡，

缓慢、僵硬、苍白、沉重，分明像块儿铅一样。

——《罗密欧与朱丽叶》第二幕第五场

最后则是天王星，一如它的名字，此时人已登入天界。我没有办法将海王星也算在内，因为我没法用它的本名来称呼它，它的本名是厄洛斯（Eros），很可惜，有人没脑子，给它起了这样的名字，不然，我就想用它来解释起点是如何与终点连接到一起的。

也就是说将会指出情爱与死亡，这两者之间的秘密关系，正是因为有这样的关系，埃及人口中的冥界不但会收取，而且

人生的智慧

也会给予，死亡是储存生命的大水库。

所有的一切均从冥界而来，所有现在活着的，都曾在冥界待过，倘若我们能弄明白生死转换的魔法，那么我们就会明白一切了。